贵州省农村产业革命重点技术培训学习读本

生态渔业高效养殖技术轻松学

贵州省农业农村厅 组编

中国农业出版社
农村读物出版社
北 京

编 委 会

本书编撰组

编撰组长 徐成高

编撰副组长 龙明树 罗平

编撰人员 刘有明 许劲松 张覃 王雄 王骥 高敏 崔巍 谢巧雄 李正友 姚俊杰 熊伟 田沛 黄轶 曾晓辉 王艳艳 覃普 陈江凤 梁正其 陈敦学 秦国兵 陆敬波 杨兴 蒋左玉 詹会祥 马永兵 朱忠胜 李攀 安元银 田沛 冯浪

前言
FOREWORD

根据贵州省委、省政府开展脱贫攻坚进一步深化农村产业革命主题大讲习活动的工作部署，贵州省农业农村厅组织发动全省农业农村系统干部职工和技术人员，以“学起来、讲起来、干起来”为抓手，广泛开展“学理论、学政策、学技术”，进一步转变思想观念、转变发展方式、转变工作作风，进一步统一思想、凝聚力量、推动工作，巩固提升农村产业革命取得的成效，总结推广各地实践取得的经验，全面落实农村产业发展“八要素”，深入践行“五步工作法”，持续深入推进农村产业革命。为配合产业技术培训活动广泛深入开展，贵州省农业农村厅组织专家、学者结合本省实际，编写了“贵州省农村产业革命重点技术培训学习读本”，供各级党政领导、村支两委干部、农业农村部门干部职工、农业经营主体等人员学习和培训使用。

近年来，随着产业的不断发展，我国渔业经济增长方式开始发生重大转变，从过去单纯追求产量增长，转向更加注重质量和生态效益的提高。本书的出版将对进一步推动贵州省生态渔业的发展起到积极的作用。本书分为五章，主要包括基本概念、大水面生态渔业、稻渔综合种养、冷水鱼养殖、设施渔业等内容，力求理论联系实际，做到内容丰富、通俗易懂、科学严谨、资料翔实，具有指导性、实用性和可操作性。

本书在编写过程中，参考了多位同行的文献资料，在此表示衷心的感谢！由于编者水平有限，疏漏之处在所难免，敬请读者指正。

编　者

2020年2月

目 录
CONTENTS

第一章　基本概念

1. 生态渔业　按照生态学和生态经济学原理，通过自然调控和人工控制相结合，使渔业生物与周围的环境因子进行良性的物质循环和能量转换，实现可持续的、稳定的、高效的渔业生产方式。

2. 生态鱼　按照生态渔业模式生产出来的鱼类产品称为生态鱼，即按照生态学的原理通过自然调控和人工控制，在良性的物质循环和能量转换条件下生产出的健康、无污染、高品质的鱼类产品。

3. 稻渔综合种养　通过对稻田实施工程化改造，构建稻渔共作轮作系统，通过规模开发、产业经营、标准生产、品牌运作，能实现水稻稳产、水产品增值、经济效益提高、农药化肥施用量显著减少，称为稻渔综合种养，这是一种生态循环农业发展模式。

4. 冷水鱼养殖　一般把鱼类分为冷水性鱼类、温水性鱼类和热水性鱼类，冷水性鱼类的生活水温低于20 ～ 22℃，如鲑鳟鱼类；温水性鱼类的生活水温在0 ～ 33℃，如鲤鱼；热水性鱼类的生活水温高于13 ～ 15℃，如罗非鱼。

以鲟鱼、裂腹鱼为代表的鱼类，其生长需要的温度稍高，最高可达27℃，称为亚冷水性鱼类。

通常，将鲟鱼、裂腹鱼及鲑鳟鱼类统称为冷水性鱼类。

5. 设施渔业 设施渔业是一种集现代工程、机电、生物、环保、饲料科学等多学科为一体，运用各种科技手段，在陆地或水上营造出适合鱼类生长繁育的水体及环境条件，把养鱼置于人工控制状态，以精养技术实现全年的稳产、高产的高效渔业。

6. 池塘工程化循环水养殖 池塘工程化循环水养殖模式，是在池塘中运用设施设备提高养殖效率和进行养殖水处理的一种养殖模式，具体是指通过对传统池塘进行工程化改造，将池塘分为两部分：小水体推水养殖区和大水体生态净化区。在小水体区通过增氧和推水设备，形成仿生态的常年流水环境，可对多个鱼类品种开展高密度养殖；在大水体区通过放养滤食性鱼类、种植水生植物、安置推水设施，对水体进行生态净化和大、小水体的循环。

7. 陆基循环水养殖 循环水养殖系统是一种集水产养殖、设备自动化、水处理工艺等多学科于一体的水产养殖系统。系统运行过程中，养殖池的回水集中处理后，其各项指标均达到养殖用水要求，可重新进入养殖池循环利用，每天仅需补充少量新水来保持系统总水量。

由于循环水养殖系统一般建立在陆地上相对封闭的养殖车间内，所以又被称为陆基循环水养殖。

第二章　大水面生态渔业

水库，即在山谷的狭口处筑一道拦水坝，堵住山溪或河流的水流，把上游集水面积内的来水拦蓄起来，为农田灌溉、生活用水、防洪保障、水力发电等服务的工程。

随着国家西部大开发和“西电东送”战略的实施，贵州省境内丰富的水资源以水力发电的形式得到了有效地开发利用，为国计民生提供了丰富的优质电能资源，促进了社会经济的高速发展。同时，大中型水电站水库形成了广阔的水域面积，为水库生态养鱼提供了基础条件。截至2019年年末，贵州省已建水库2 641座，正常蓄水位水域面积约15.13万公顷。各类水库资源为我省生态渔业的发展提供了前提和基础。

一、水库分类

（一）按地形分类

根据水库所在地区的地貌、库床及水面可将水库分为4类。

1. 平原湖泊型水库　在平原、高原台地或低洼区修建的水库。形状与生态环境都类似于浅水湖泊。

形态特征：水面开阔，岸线较平直，库湾少，底部平坦，岸线斜缓，水深一般在10米以内，通常无温跃层。渔业性能优良。

2. 山谷河流型水库 建造在山谷河流间的水库。

形态特征：库岸陡峭，水面呈狭长形，水体较深但不同部位差异极大，一般水深20 ~ 30米，最大水深可达30 ~ 90米，上下游落差大，夏季常出现温跃层。

3. 丘陵湖泊型水库 在丘陵地区河流上建造的水库。

形态特征：介于以上两种水库之间，库岸线较复杂，水面分支很多，库湾多。库床较复杂，渔业性能良好。

4. 山塘型水库 在小溪或洼地上建造的微型水库，主要用于农田灌溉，水位变动很大。这种类型的水库较多。

（二）按库容分类

按水库蓄水容量（即库容）的大小，把水库分成大、中、小3种类型。

1. 大型水库 总库容在1亿米^{3}以上。大型水库又分为两级：大（一）型水库，库容大于10亿米^3；大（二）型水库，库容大于1亿米^3，且小于10亿米^3。

2. 中型水库 总库容在1 000万米^{3}以上、1亿米^{3}以下。

3. 小型水库 总库容在10万米^{3}以上、1 000万米^{3}以下。小型水库又分为两级：小（一）型水库，总库容在100万米^{3}以上、1 000万米^{3}以下；小（二）型水库，总库容在10万米^{3}以上、100万米^{3}以下。

至于总库容在10万米^{3}以下的，一般称为山塘式塘坝，或俗称小水库。

（三）按营养类型分类

水库按营养类型分为：富营养型、中等营养型、贫营养型。

各营养类型的生物指标，见表2-1。

表2-1　各营养类型的生物指标

营养类型	浮游植物数量（万个/升）	浮游动物	
		湿重（毫升/升）	数量（个/升）
富营养型	100以上	3以上	2 000以上
中等营养型	30～100	1.5～3	1 000～2 000
贫营养型	不足30	不足1.5	不足1 000

（四）按主要功能分类

根据水库的主要功能不同分为：以发电为主、以防洪为主、以灌溉为主、以生活供水为主。

二、水库鱼类的天然饵料

（一）天然饵料种类

水库鱼类的天然饵料生物，主要有浮游生物、底栖动物、水生维管束植物和细菌凝聚体等，此外，有机碎屑也是鱼类的饵料。

1.浮游生物

（1）浮游生物的分类。浮游生物主要是指浮游植物和浮游动物。它们在水库中的种类多、分布广、数量大，是水体中最主要的生物生产者，是水库鱼类的饵料基础。

①浮游植物。浮游植物主要是藻类，具有叶绿素，可进行光合作用，把无机物转化成有机物，是能独立生活的自养性生物。它的重要特点是没有根、茎、叶的分化，整个生物体都能吸收养分，在环境适宜、营养物质丰富时，个体数的增长速度很快。

藻类是水域的原始生产者，其生命活动可改变水的透明度、水色、酸碱度、含氧量等。在强烈光照条件下，藻类可使水中含氧量达到过饱和，其种类组成和数量常是划定水库营养类型时的重要依据之一。由于它是鱼的直接或间接的饵料基础，因此，与天然鱼类的组成和产量具有一定的密切关系。

浮游植物具有不同的色素体，群体常呈现一定的颜色。所谓“水色”，往往就是优势藻类种群颜色的反映。如水色呈油绿色、油青色、茶褐色等均为适宜鱼类生长的肥水；如水色呈黑褐色、绿色或灰绿色，通常不适宜鱼类生长。

②浮游动物。水库中浮游动物的种类也较多，与池塘相比，水库中浮游植物的数量较少，而浮游动物数量相对较多。浮游动物包括原生动物、轮虫、枝角类、桡足类及其无节幼体。原生动物在水库中生物量较少，不是鱼类天然食料的主要组成部分。轮虫体形较小，体长大多在1毫米以下，但在富营养型水库中数量较多。枝角类在春夏间繁殖力很强，生物量大。桡足类在水库中种类不多，但个体较大。轮虫、枝角类、桡足类及其无节幼体是水库中鱼类天然饵料的主要组成部分。

浮游动物中不少种类能直接摄取有机质的碎屑为养料，但一般都以浮游植物为主要食料，因此，浮游植物的数量会直接影响浮游动物数量。

（2）浮游生物的季节变化。浮游生物在一年四季中，由于受温度、光照、营养物质等因素的影响，呈现明显的季节变化。

春季，水库水温回升，浮游植物开始繁殖生长。首先是一些对温度要求较低的硅藻，水温14 ~ 16℃是硅藻大量繁殖的温度条件，硅藻在数量上可达到高峰。晚春温度继续升高时，硅藻减少而绿藻开始大量繁殖。绿藻虽不易被鲢鱼消化，但它是浮游动物的食料，在一般情况下，早春时期水库中的浮游动物都比较贫乏，仅有几种轮虫及桡足类。

夏季，光照强烈，温度升高，浮游生物种类和数量增长很快，是一年中最盛时期。浮游植物以绿藻、蓝藻为主；浮游动物也异常丰富，主要是枝角类、桡足类和轮虫。

秋季，温度逐渐下降，硅藻又逐步成为浮游植物中的优势种群，浮游动物中的枝角类和轮虫逐渐减少。

冬季，由于温度过低，浮游植物异常贫乏。浮游动物在冬季大多呈“休眠”状态，数量也很少。

2. 水草和底栖生物　底栖生物中很多种类常与水草群落相互依存，两者之间存在着相互促进的关系。但是一般水库水草和底栖生物都较贫乏，原因：一是水位落差大，水库周边易裸露致使水草干枯，底栖生物失去生存条件；二是水库径流带入的泥沙致使库水混浊、透光性差，使水草失去了光合作用的基本条件而枯萎死亡。另外，泥沙的不断淤积也是水草和底栖生物难以繁殖生长的重要原因。不少水草茂密的水库，在暴雨后水位上涨、水质混浊，水草也会大量死去。底栖生物也会因泥沙不断淤积和水草生长受抑制，而在种类上、数量上大大减少。但也有一些小水库由于水较浅、库周浅水区底质较肥，对底栖生物生物量的影响不大。

3. 有机碎屑和细菌凝聚体　有机碎屑和细菌凝聚体在富营养的小水库中常常数量较多。这是由于雨后径流带入水库的大量有机碎屑、水中动植物残骸和排泄物以及与它们在一起的大量细菌聚集体形成的。悬浮在水中的，可被滤食性的鲢鳙鱼滤食；沉积在水底的，则成了底层杂食性鱼类、刮食性鱼类的饵料。水库中有机碎屑与细菌凝聚体的多寡，是决定粗放水库鱼产力的一个重要因素。

据中国科学院水生生物研究所对鲢鳙鱼前肠内含物的分析，发现其中有机碎屑和细菌通常要多于浮游植物。

（二）水库生态条件对天然饵料生物的影响

水库，特别是小型水库的生态条件，受水库的水文、水深及库区植被条件等众多因素的影响。

1.水文条件　水库在丰水期淹没了广大的消落区，使大量农作物腐烂分解和土壤中的营养物质溶于水中，增加了水体肥力，促进了饵料生物的生长繁殖。当水位下降后，大片消落区又暴露在空间，虽使底栖生物及其幼体因离水而死亡、鱼类索饵区缩小，不利于鱼类生长，但由于绿色植物的生长促进了土壤中好氧菌的繁殖，使土壤肥力再次上升。另外，雨后径流带入水库的泥沙，常使水库水体混浊，透明度变小，减弱了水域中浮游植物的光合作用，抑制了水库中浮游生物的生长和繁殖。因此，水库的特殊水文因子对水库天然饵料的影响是巨大的。

2.水深　大、中型水库的水深超过10米，深水区浮游生物难以生长繁殖，而小水库的水深一般不超过10米。在水库养鱼的适宜水深为5 ～ 10米范围，这样的水深可以保证上下水层的经常对流混合，使水温、含氧量、营养盐类分布均匀，有利于上、中、下、底各层生物的生长繁殖。特别是一些低丘陵小水库和一些山塘小水库，水深一般只有3 ～ 5米。这样的小水库，生态上与“大池塘”相似，可养多层次的鱼类。全国已有报道的养鱼高产的小水库，水深一般在7米以下，并常有一部分3 ～ 4米的浅水区。

3.库区植被条件　相对于大、中型水库而言，小型水库库区范围较小，又常常以低丘陵水库或山塘水库居多，库区附近常有居民种植的农作物及林木植被。因此，小水库库区植被覆盖面较大，雨后径流带入大量营养物质，水质肥度常优于大、中型水库。

（三）水库天然饵料间及其与养殖对象间的关系

水库中的天然饵料生物之间有着密切的关系。绿色植物（包括浮游植物、水生高等植物、着生藻类等），它们都是可以利用太阳能、营养盐转化为有机物质的生物体，是水域的初级生产者。在渔业生产的食物链上是第一个环节，其中浮游植物对小水库养鱼具有特别重要意义，这是因为在水库中，水草十分贫乏。水域中有了初级生产者，同时出现初级消费者、次级消费者、三级消费者，乃至更高一级的消耗者等。

自然界物质之间的转化规律，同样存在于水库之中，在小水库的渔业生产中，按渔业生产的利用与被利用的顺序，水域中生产者与消费者之间的关系，即生物学上的“食物链”其相互关系如图2-1所示。

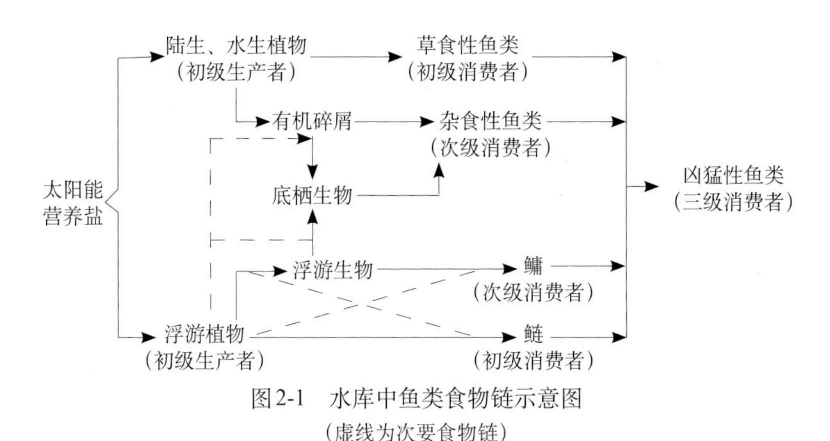

图2-1　水库中鱼类食物链示意图
（虚线为次要食物链）

从图2-1可见，动、植物所利用的全部能量来源于日光，初级生产者经光合作用制成的有机物质，最后为鱼类所利用，同化成鱼产品，这是一个复杂的关系和过程，也可以说是水域中生物间的营养关系。其中环节愈少，链锁愈短，关系愈简单，反之，则愈复杂。如草鱼食草、鲢鱼食浮游植物，是初级消费者，食物链是短的；鲤、鲫等是杂食性鱼类，食物链就长些；凶猛性鱼类如乌鱼、鲶、鲌，以其他鱼类为食，食物链就长。水域中食物链长，终端产品即鱼产力就低，因为食物链的层次每高一个等级，物质和能量的转换率只有10%左右。

三、水库的鱼产力

（一）水库的鱼产力与养鱼周期

水库的鱼产力，就是指水库生产鱼的能力。它是指水体在自然条件下，不受人类活动影响的产鱼能力，是小水库营养状况的综合反映。水库鱼产力与鱼产量是有区别的，前者是由水库的营养状况来决定的，后者则是决定于人类经营管理水平的高低。在实际生产中，水库鱼产力是指以合理的渔业经营为前提，在不投饵、不施肥、单纯依靠天然肥力和天然饵料的情况下，水库所能提供的最大鱼产量。

水库的养鱼周期，是指从鱼种放养到养成食用鱼上市所需的时间。通常小水库的养鱼周期比大中型水库短。在自然条件下，小水库养鱼生产周期的长短，常受水库营养状况的好坏所决定，与鱼产力高低有直接关系。养鱼周期长短与经济效益之间存在着不可分割的联系。

（二）水库的营养型与天然鱼产力之间的关系

水库营养类型，根据初级生产力的高低来划分，据何志辉等调查，我国主要地区水库3种营养类型所占比例如表2-2所示。

表2-2　水库营养类型比较

地区	富营养型（%）	中等营养型（%）	贫营养型（%）	资料提供者
东北地区	70.8	27.1	2.1	何志辉
华北地区	29.1	67.7	3.2	何志辉
长江中下游	23.7	64.5	11.8	何志辉
云贵高原	25	62.5	12.5	何志辉

单纯依靠天然鱼产力开展粗放养鱼生产，生产力是有限的。为充分开发利用小水库的水面资源、大幅度提高其养鱼单产、增加总产、将一座单一的蓄水水库变成一个“活鱼库”，需要对水域进行有效的生产性改造，包括改造小水库的饵料条件、肥料条件、水质条件，人工控制和创造一个适合于鱼类生长的优良生态环境。

水库天然鱼产力与营养状况之间的关系见表2-3。

表2-3　水库营养类型与鱼产力关系

水库类型	鱼产力［千克/（亩[①]·年）］	生物指标			
		鱼类组成及捕捞主体	浮游植物数量（万个/升）	浮游动物	
				湿重（毫克/升）	数量（个/升）
富营养型	30～50	鲢、鳙鱼的群体组成以1龄鱼、2龄鱼为主，捕捞对象以2龄鱼为主	100以上	3以上	2 000以上
中等营养型	15～30	鲢、鳙鱼的群体组成1龄鱼、2龄鱼、3龄鱼，捕捞对象3龄鱼为主	30～100	1.5～3	1 000～2 000
贫营养型	15以下	鲢、鳙鱼的群体组成以1龄鱼、2龄鱼、3龄鱼、4龄鱼并存，主要捕捞3龄鱼、4龄鱼	不足30	不足1.5	不足1 000

① 亩为非法定计量单位，1亩＝1/15公顷。——编者注

从表2-3可见，水库天然鱼产力的高低与不同营养类型的生物指标高低相一致。富营养类型水库的鱼产力能达30 ~ 50千克/（亩·年），中等营养型鱼产力在15 ~ 30千克/（亩·年），贫营养型鱼产力在15千克/（亩·年）以下。

水库养鱼不同于池塘和湖泊养鱼。特别是大中型水库，主要是依靠水库中天然饵料。因此，发展水库养鱼必须了解水库中天然饵料的基础状况。

水库形成以后，天然饵料与原河流时的状况不同。在水库建成之初1 ~ 2年，由于水流变缓、透明度增大、水位升高，淹没了大批的农田、草地等植被，丰富了水中营养物质的来源，因而浮游生物能很快繁殖起来。天然饵料丰富，鱼类生长就较快。但是，一般水库都有一个规律，建库初期浮游生物相当繁茂，紧接着有一个低落的时期，到7 ~ 8年以后，又趋于稳定状态。

四、水库的鱼类放养

（一）水库鱼类放养模式

水库鱼类放养因水库不同而差别很大。应根据各水库的条件来制订养殖模式。现在比较普遍的养殖模式如下。

①投放大规格鱼种，当年投放，当年见效。也就是投放0.5 ~ 1千克的鱼种，翌年每尾生长到1.5 ~ 3千克。

②养殖鳙鱼（花鲢）为主，混养其他鱼。生态养殖可根据不同水库的条件，调整放养模式，适当多投放些花鲢。

③一次放足鱼种，分批起捕。现在起鱼技术发展很快，水库鱼生长到一定程度后，由于鱼群群体产量增大，鱼在饵料上、空间上竞争力增大，直接影响鱼的生长，所以，适时疏捕、减

少水库中鱼的密度是提高产量、增加效益的好措施。起捕的时机、次数主要根据水库鱼的生长情况、总量情况、水库来水、水位情况及鱼的市场情况来决定。

④有条件的水库，可开展投饵养殖草鱼、鳊、鲂等吃食性鱼类，混养花鲢、白鲢。

⑤条件比较好的水库，还可走休闲渔业之路。以休闲垂钓、旅游娱乐、渔家乐为主。

（二）水库合理放养技术

在水库放养鱼类的生产周期，一般是1～3年。向水体投放鱼种，当鱼类生长达到食用鱼规格时进行捕捞，获得鱼产品，这种放养特点是鱼类的生长及其群体的生产量全部依靠水体中的天然饵料资源。

水库放养鱼类必须根据水库水体的自然条件，选择适当的放养对象，确定放养种类间的合理比例、合适的放养数量和恰当的鱼种规格，并结合拦鱼防逃、控制凶猛鱼类、合理捕捞及天然鱼类资源的繁殖保护等措施，使湖泊和水库中的鱼类群体在种类、数量、年龄等结构上与水体的饵料资源相适应，使水域生态系统中各营养级上的各类饵料资源能合理、高效地转化为经济鱼类的产能，以充分发挥水库水体的鱼产潜力。

1.适宜的养鱼面积 一般水库的养鱼面积是相对稳定的。所谓“水库养鱼面积”，是指鱼类生长期内最经常保持的水面面积，而在鱼类生长旺季和水库载鱼量达高峰时的水库面积的大小，对水库鱼产量的影响较大。因此，在计算水库养鱼面积时，应考虑到以上的情况。

2.养殖鱼类的选定 水库水域生态系统具有多种多样的生态小生境。从空间上说，有表层、中层、底层之分，有沿岸带和敞水区之异；就天然饵料资源而言，存在着丰富多样的、分别处在不同营养层次上的各类饵料生物资源。因此，要充分发挥水体的生产潜力，就应当由多种不同生活习性和食性的经济鱼类分别占有各自的生态小生境，以合理地利用水体空间和饵料资源，这就需要多种鱼类进行“混养”。

目前，我国湖泊、水库放养的种类，主要有鲢、鳙、草鱼、团头鲂、青鱼、鲤、鲫、鲴等温和性经济鱼类，它们在食性和栖息场所等方面的分化，使其在同一水体中基本上能各摄其食，各得其所，各自占有不同的生态小生境。它们对水体的空间及饵料资源的利用方面，以及种间的相互关系方面，可趋于互补而不直接竞争。

3. 混养鱼类的搭配比例

（1）鲢、鳙的放养比例。水库的水体中一般浮游生物种类繁多，生物量高，周转迅速，增殖力强，腐屑和细菌也有丰富的来源和数量，非常适于滤食性的鲢、鳙养殖。鲢、鳙食物链短，以它们作为主要养殖对象，可以减少能量转换级数，提高能量转化效率，从而获得高产。鲢、鳙体型大、生长快，苗种来源容易解决，捕捞容易，为我国传统的优良养殖鱼类。因此，我国绝大多数湖泊、水库都以鲢、鳙为主要放养对象。一般可占总放养量的60% ~ 80%或更多。

一般鳙的放养量应不同程度地多于鲢。一般情况是，水体处于中等营养、中富营养或正向富营养水平过渡，鲢、鳙两者的放养量之比以3 ： 7或4 ： 6为宜，这样鲢、鳙两种鱼都能有较好的生长率和肥满度，鱼产量也比较高。

水库水体富营养化水平高，藻类的生产力和生物量增长较多，则对鲢的生长较为有利，就应当相应地提高鲢的放养比例，才能实现高产。

（2）其他鱼类的放养比例。“藻型水库”在放养以鲢、鳙为主的同时，还应兼放鳊、鲂、草鱼、鲤、鲫等鱼类，以便发挥其他各类饵料资源的产鱼潜力和充分利用水体空间。这几种鱼类在总放养量中的占比大体在20%。

“草型湖”和平原型水库，水生植被茂盛，底栖动物丰富，而浮游生物则相对较少。在这一类水体中就应加大草食性鱼类、底栖动物食性鱼类和杂食性鱼类的放养比例，这些鱼类的放养量可占总放养量的40%左右。

4. 放养鱼种的规格和质量　放养鱼种的规格和质量关系着鱼类的成活率、生长率及回捕率，是合理放养的又一重要内容。

在大水体里，水深面阔流急，风大浪大，有的可能还有复杂的流态，这要求鱼种有较强的适应能力；天然敌害多，要求鱼种有较强的避敌能力；饵料变化大（饵料生物密度相应降低，以天然饵料为食），要求鱼种有较强的觅食能力和竞争能力。如果放养鱼种的规格过小，鱼种就不能迅速适应大水面的生活环境，索饵能力弱，生长慢，容易招致敌害侵袭。大规格鱼种则对大水面生活环境适应力较强，索饵能力强，生长快，对敌害的抵御力强。因此，放养大规格优质鱼种是保证实现合理放养、获得高产稳产的重要物质基础。

一般认为，湖泊、水库鱼种的合理规格体长应在13.3厘米以上，一些地区已将鱼种的规格进一步提高到体长16.6厘米以上。

以上所说鱼类放养规格主要指鲢、鳙及草鱼、青鱼等，至于鲤、鲫、团头鲂、鲮等鱼种的规格，一般体长在6.5厘米以上就可用于放养。

5. 合理的放养密度　合理的放养量是放养鱼类种群对天然饵料的利用程度要与水体的供饵能力相适应，既要使放养鱼类种群最大限度地利用饵料资源，又不损害水域天然饵料的再生产。

通常是根据经济效益、生产周期、鱼类的生长特性等综合考虑，制订一个适当的生长速度指标，到捕捞时实测放养鱼类的生长速度。如果实际的生长速度大于制订的指标，表明放养量偏少，第二年应适当增加放养量；如果实际生长速度小于制订的指标，表明放养数量过多，第二年应相应减少放养量。哪种鱼生长得好，就多放哪种鱼，增大比例；哪种鱼生长不好，就少放些，减少比例。这种方法称为经验调整法，实践证明是行之有效的。

6. 放养鱼种的季节和地点

（1）鱼种放养的季节。在冬季或秋季放养鱼种效果较好。冬季放养的优点如下。

①水温低，鱼种活动力弱，便于捕捞和运输，损伤少，成活率高。

②凶猛鱼类在冬季摄食量大减或停止摄食，对鱼种危害小。在开春后水温上升、凶猛鱼又积极摄食时，鱼种对大水面环境已初步适应，逃避敌害的能力增强。

③鱼种可提早适应环境，在温度升高后可提早摄食，延长了生长期。

④冬季水位低，无需泄水，鱼种外逃机会少。

⑤减轻了鱼池越冬管理所需的人力、物力。

（2）合适放养的地点。可选择在饵料丰富、条件优越的湖汊或库湾中进行暂养，在暂养期间可给予一些特别的养护，以使鱼种在暂养期内逐步适应大水面的环境条件，有利于提高鱼种成活率和生长率。

在鱼种放养的地点上，应注意远离进出水口、输水洞、溢洪道及泵站等地，以免遭水流裹挟的损失；应选择避风向阳、饵料丰富、水深相宜的地点，分散投放。

7. 跟踪鱼类的生长情况　水库放养鱼种以后，就要跟踪鱼类的生长情况，通过适时疏捕等措施，调节水库鱼的密度、总载荷量，来掌控水库鱼类生长。水库鱼类主要生长季节在5～10月。

实行大、中、小鱼种梯级投放的养殖模式水库，应建立相应配套的疏捕措施。大型水库由于总产量大，应确定好捕捞方案。定期起捕通过适时疏捕而减少了水库中鱼的数量。中、小型水库可以根据水库的水位情况、鱼的生长情况、市场行情情况，采取分批疏捕方案。大多在7、8月安排1～2批疏捕，7、8月是鱼类生长最快的两个季节，把可以取水的成鱼及时取捕，减少水库鱼的密度，及时促进鱼的生长。9～10月，再适时疏捕1～2批，根据市场鱼价的情况及时起捕。

五、水库养鱼发展思路与措施

1. 发展思路　按照国家提出的“像重视耕地一样重视水域的治理和开发利用”的要求，坚持科学发展观，坚持“资源开发与保护并重”的原则，通过科学规划、整合资源、转换经营方式、市场化运作，进一步加大投入，强化管理，打造品牌，走“有机渔业、品牌渔业”之路，实现大水面渔业的可持续发展。

2. 发展措施

(1) 制订发展规划。加快库区渔业发展，坚持“保水、绿色、品牌、效益”的原则。依据贵州省贵阳市政府对发展渔业的总体要求和水库养殖水域的鱼产力水平，科学制订渔业发展的近期和长远规划，使渔业资源得到合理的开发利用。

制订了渔业发展规划，科学指导渔业生产。增强渔业科研、技术服务力量，科学确定投放品种、数量、规格、比例。通过科学论证，慎重地确定移植品种和明确禁止引进的品种，这样才能更好地保护水体的生态平衡，防止生态污染，充分发挥资源潜力。

（2）实施品牌战略。依托各个水库的生态环境优势，做生态渔业文章，走从绿色水产品向有机水产品发展的道路，并以有机鱼品牌为基础，发展品牌渔业。

结合各区域的生态旅游，使库区有机渔业形成“养、管、捕、加、销、烹、旅、研”为一体的产业链，逐步走上了“保水渔业、生态渔业、精品渔业、休闲渔业”的发展道路。

（3）强化科技服务。根据水库的功能与特点，由水产科技部门制订出养殖方案，科学确定养殖品种、数量、规模、比例和方式，经论证后施行。

开展水库渔业水质环境监测，加强鱼类防疫检疫工作。定期根据水库饵料变化及鱼类生长状况进行调整，调整定期放养和补充放养状况下的鱼类数量及比例。

（4）加大渔业投入。要大发展，就必须加大对渔业的投入，包括苗种投入和管理投入。发展好的大水域对此都非常重视，国内有的水库，平均每年每亩苗种费投入50元，管理费投入45元，其他水域渔业投入也都保持在20元/亩以上的水平。

（5）强化渔政管理。强化渔政管理是保护渔业资源的重要手段。尽管各水域的渔政管理模式不同，但绝大多数都采取专管与群管相结合的管理方式。专管组织就是所在地渔业行政执法部门。同时，水域内的经营企业成立的护渔组织，各地方政府的公安、工商、环保、交通、旅游等职能部门也根据各自的职责，协同渔政部门做好渔业资源的保护与管理工作。如沿湖、沿库的乡镇配备专职渔政员，建立有奖举报网络和快速预警反应机制，形成了各司其职、明确重点、相互配合、协同作战的覆盖全库湖的渔政管理网络等。

第三章　稻渔综合种养

稻渔综合种养，是指通过对稻田实施工程化改造，构建稻渔共作轮作系统，通过规模开发、产业经营、标准生产、品牌运作，能实现水稻稳产、水产品新增、经济效益提高、农药化肥施用量显著减少，是一种生态循环农业发展模式。目前，稻渔综合种养的模式主要有稻+鱼、稻＋鳅、稻＋小龙虾、稻＋蛙、稻＋鳖、稻＋鱼+鸭等。

目前，稻渔综合种养有以下趋势特征。

①规模化。传统的稻田养鱼以一家一户的分散经营为主，难以解决稻田中鱼、虾、蟹等水生动物的防逃、防盗及病虫害的统防统治等一系列问题，难以开展水稻的机械化生产，综合效益不高。近年来，随着农业生产的组织化程度提高，参股、租赁、托管等稻田流转机制的创新加快，稻田养殖呈连片开发、规模化生产的新特点。

②特种化。传统的稻田养鱼以常规鱼类为主，随着近年稻田养殖技术的发展，河蟹、虾、鳅、黄鳝、鳖等一批经济价值高、产业化条件好的名特优品种成为稻田养殖的主养品种。

③产业化。传统的稻田养殖比较注重生产技术环节，而新一轮稻田养殖采用了“种植、养殖、加工、销售、旅游”一体

化的现代管理模式，延长了产业链，提升了效益。稻田产业化经营和产品品牌效益的提升，进一步提高了稻渔综合种养的效益。

④标准化。随着稻田养鱼模式创新、规模化和产业化深入，使稻田中水稻和水生经济动物生产也朝着绿色、有机方向发展，一些新工程、工艺、技术方面都取得了创新成果，田间工程、养殖技术日益规范化，各地制订了一大批地方标准或生产技术规范。

一、稻+鱼

稻田养鱼即在稻田里养殖鱼类，是我国的一种传统农耕方式，最早出现在汉朝，距今已有2 000多年，从有稻田养鱼文献（《魏武四时食制》，220—280年）记载的三国时期算起，至今也有1 700多年。贵州省稻田养鱼历史悠久，在黔东、黔南一带侗族、苗族、水族等少数民族聚居的地方，稻田养鱼尤为普遍，以放养鲤鱼为主，自繁、自育、自养。明朝嘉靖年间的《黎平府志》中就有“鲤为鱼王”的说法，《道光黎平府志》中曾记载：清明节后，鲤生卵附水草上取出，别盆浅水中置于树下，漏阳暴之，三、五日即出仔，谓之鱼花，田肥池肥者，一年内可重至四、五两。

图3-1　稻+鱼种养系统

2005年，浙江青田稻鱼共生系统被联合国粮食及农业组织列为首批全球重要农业文化遗产（图3-1），2011年，贵州省从江县侗乡稻鱼鸭复合系统被列为全球重要农业文化遗产。

（一）生物学特性（以鲤为例）

图3-2　鲤

1.形态特征　鲤是鲤形目、鲤科、鲤属的经济鱼类（图3-2）。

2.生活习性　鲤是分布很广的淡水鱼类，是我国重要的养殖鱼种。生性好动，喜弱光，耐低氧，在温度适宜、水中溶解氧充足时，常常随波逐浪，追逐嬉戏，有时还经常跃出水面。

3.食性　鲤属于杂食性鱼类，荤素兼食。饵谱广泛，不论是水中的小鱼虾、螺、蚯蚓及水稻丛中的昆虫，还是人工投喂的甘薯、谷物等植物类饵料都会成为它们捕食的目标。鲤是非常适合在稻田里养殖的鱼种。

4.生长　鲤的生活史包括仔鱼期、稚鱼期、幼鱼期、成鱼期和衰老期。因食性杂、食物广，生活条件要求不高，而生长快。若饲料充足，6月龄便可达到商品规格。

（二）场地建设

1.场地选择　稻田选择水源充足、无污染、排灌方便、旱不干、涝不淹、地势平坦、光照条件良好、土壤肥沃、保水性强的稻田。

2.稻田工程建设　稻田养鱼的工程建设根据稻田养鱼的养殖模式、稻田类型、规模大小和成本投入，可建为双埂大边沟、垄稻沟坑式和平板式。根据实际情况，因地制宜，结合养殖类型选择模式，但所有模式在稻田养鱼工程改造中，沟坑占比不得超过稻田总面积的10%，需保护稻田耕作层且保持稻田平整性。

（1）双埂大边沟式。双埂大边沟式稻田养鱼模式，适宜规模经营，经营主体为龙头企业、种养大户等，应选择地势平整、集中连片且连片面积不小于1.34公顷的坝区稻田，沿着连片稻田田埂的一边或两边，用水泥砖或三合土护坡修筑成大边沟（图3-3、图3-4），边沟为倒立梯形，上底宽1.2～1.6米，下底宽0.8～1.0米，外埂高1～1.5米、宽0.3～0.5米，内埂高1～1.2米、宽0.2～0.3米，其沟面积占稻田总面积的8%～10%，大边沟之间每隔10米开宽0.4～0.6米的渠，与稻田泥面相平的渠，稻田内开挖“十”字形鱼沟，鱼沟宽30～60厘米、深30～60厘米，需确保鱼沟与大边沟相通，渠与鱼沟相连。

图3-3 大边沟修筑

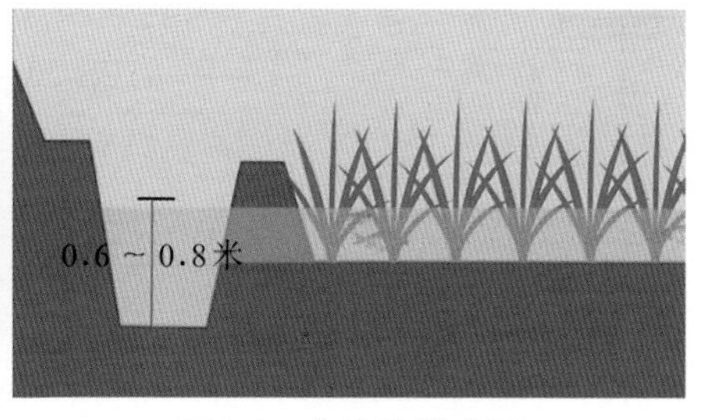

图3-4 大边沟模式图

（2）垄稻沟坑式。垄稻沟坑式稻田养鱼模式适宜合作社、家庭农场等经营主体，适用于坡度较小的梯田，但单块稻田面积应大于1亩，宜开挖鱼坑，它的工程建设首先是田埂要加高加固，一般高要达到40厘米以上，捶打结实、不塌不漏。其次是鱼沟，是鱼从鱼坑进入大田的通道，早稻田鱼沟一般是在秧苗移栽后7天左右，即秧苗返青时开挖，即稻田可在插秧前挖好，鱼沟宽30～60厘米、深30～60厘米，挖成1～2条纵沟，亦可开成“十”字形、“井”字形或“目”字形等不同形状

（图3-5）。最后的关键是鱼坑（图3-6）的建造，最好用水泥砖砌，也可用三合土护坡，每块田1个，由田面向下挖深1.0～2.0米，大小由田块而定，因地制宜。需注意，鱼坑或鱼沟离田埂应保持80厘米以上距离，以免影响田埂的牢固性。

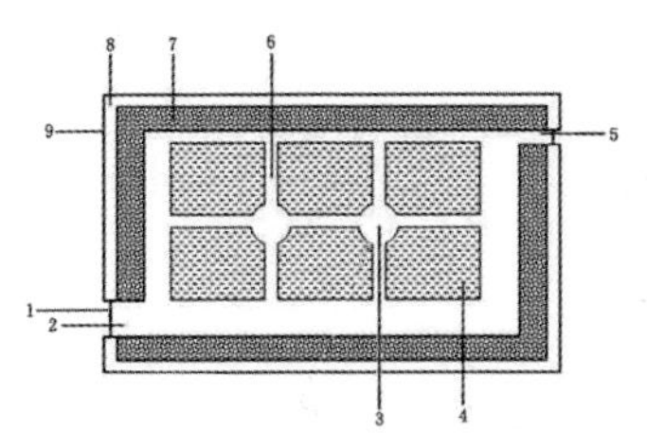

图3-5　垄稻沟坑式稻田

1.拦鱼栅　2.进水口　3.鱼坑
4.稻田　5.出水口　6.鱼沟
7.稻田　8、9.田埂

图3-6　鱼坑

（3）平板式。平板式稻田养鱼适用于梯田，且单块稻田面积小于1亩，不需要开挖鱼坑，这种平板式稻田只需要把田埂加高加固，一般高要达到40厘米以上，捶打结实、不塌不漏，在水稻移栽后7天左右，再根据稻田形状开挖鱼沟，鱼沟宽30～60厘米、深30～60厘米，挖成1～2条纵沟，亦可开成"十"字形、"土"字形等不同形状（图3-7）。

图3-7　"十"字形鱼沟

3.防逃设施建设　进、出水口和溢洪口要设拦鱼栅。拦鱼栅用木制、条编、铁筛网或网片和网衣。拦鱼栅的孔隙或网眼的大小，要根据所放养鱼种或夏花的规格来确定，必须保证不阻水和不逃鱼，拦鱼栅的高度和宽度要大于进、出水口和溢洪口15厘米为宜。安装时使其成弧形，凸面向田内，并插入田埂0.3米以上，左右两侧嵌入田埂口子的两边。拦栅务必扎实牢固，若在进水口内侧附近加上一道竹帘或树枝篱笆，可有效地防止鱼顶流跃逃与拦的渣滓杂物堵塞拦鱼栅而引起阻水或倒栅，拦鱼栅以设两层为好（图3-8）。

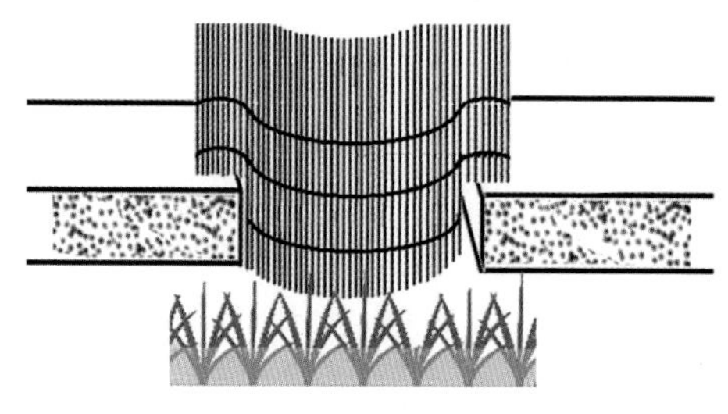

图3-8　拦鱼栅示意图

（三）养殖技术

1.品种选择及规格　在选择稻田养鱼种类时，应根据需要，因地制宜。稻田可放养草鱼、鲤、鲫、银鲫、杂交鲤、工程鲫等吃食性鱼类，套养少量鳙和小规格肉食性鱼类。如利用稻田养鱼种则以单一品种为宜，可套养少量鲤或鲫和鲢或鳙。

2.鱼种的投放　稻田养鱼是一种粗放养殖方式，通常以一种鱼为主要养殖对象，在不发生饵料冲突的情况下，充分利用稻田饵料生物群落可适当搭养其他鱼类。

鱼种放养时间越早，养鱼的季节就越长，因此应尽量争取早放养，尤其是当年孵化的鱼种，待秧苗返青后即可放入。放养隔年鱼种则不宜太过早，以栽秧后10天左右放养为宜。

若进行成鱼养殖，主养鲤的稻田可搭养15%～20%的鲫，20尾左右的草鱼类；主养鲫的稻田可搭养20～30尾草鱼；主养草鱼的稻田可搭养15%～20%的团头鲂，15尾左右的鲤、鲫；稻田养殖成鱼时，主养鱼类的放养密度与养殖模式密切相关，同时与养殖技术和生产成本投入有关，表3-1所列数据仅供参考。

表3-1 养殖模式与放养鱼种规格、投放量（尾/亩）

养殖模式	放养鱼种		
	鲤	鲫	草鱼
主养对象与放养规格	13.2～16.5厘米/10～13.2厘米	13.2厘米/10厘米	20厘米/13.2厘米
双埂大边沟式	200/220	280/400	150/220
垄稻沟坑式	180/200	280/400	150/220
平板式	100/150	200/300	80/120

注：罗非鱼、银鲫的放养量可以鲫为参考，杂交鲤、工程鲫的放养量可以鲤为参考。

（1）鱼种投放前的稻田消毒。养鱼稻田一定要清田消毒，以清除鱼类的敌害生物（如黄鳝、老鼠等）和病原体（主要是细菌、寄生虫类）。清田消毒药物主要有生石灰、茶枯、漂白粉等。生石灰有改善pH的作用，尤其适用于酸性土壤。秋冬季的无水稻田用生石灰30千克/亩左右，加水搅拌后，立即均匀泼洒；若稻田带水消毒则用生石灰100千克/亩左右，加水搅拌后，立即均匀泼洒。

（2）鱼种投放前的鱼种消毒。首先对鱼种用3%食盐水浸泡5～10分钟。放鱼时，要特别注意水温差，即运鱼器具内的水温与稻田的水温相差不能大于2℃，因此在运输鱼苗或鱼种器具中，先加入一些稻田清水，必要时反复加几次水，使其水温基本一致时，再把鱼缓慢倒入鱼溜或鱼沟里，让鱼自由地游到稻田各处，这一操作须慎重以免因水温相差大，使本来健壮的鱼苗放入稻田后大量死亡。

（3）水稻的种植。应选择茎秆粗壮、分蘖力强、抗倒伏、抗病、丰产性能好、品质优，适宜当地种植的水稻品种。水稻栽培应发挥边际效应，通过边际密植，最大限度保证单位面积水稻种植穴数，不得少于1.2万穴/亩（图3-9）。

图3-9　水稻种植示意图

（4）饵料补充。稻田中有杂草、昆虫幼虫、水蚤、水蚯蚓、螺类等是天然饵料，鱼可以充分利用这些天然饵料。在天然饵料不够的情况下，还需适当投喂人工饲料，如玉米、酒糟、南瓜、甘薯等。

（四）养殖管理

1.稻田管理

（1）稻田水深调节。根据水稻和鱼类生长阶段的特点，进行水深调节，确保灌水得当。

（2）晒田。稻田因为治病、灭草、除虫等因素必须晒田时，要把水缓缓放出，使鱼归入鱼沟、鱼溜内，晒田后要及时灌水，确保鱼类安全。

（3）稻田设施。稻田主要防止田埂的垮塌，检查稻田的进排水是否正常运行，是否有堵塞，如有要及时清通。同时，还要注意防逃设施是否有损坏，发现损坏后要及时修补。特别是特殊天气条件下，如大风、暴雨天气，上述问题都要及时发现，及时整改。

2.水质管理

（1）调节水温。当稻田水温上升到32～35℃时，应及时灌注新水降温。先打好平水缺口，边灌边排，待水温下降后再加高挡水缺口，将水位升高到10～20厘米。自水稻移栽后，先是浅水（水深5厘米）保分蘖，一个月后保持水深在12厘米左右（水稻分蘖高峰期，灌深水控制无效分蘖），中期水稻拔节孕穗时保持水深在18厘米左右。

（2）防止缺氧。经常往稻田中加注新水，可增加水体中的溶解氧量，防止鱼类“浮头”。若“浮头”现象已经发生，则应增加新水的注入量，每次加水或换水不得超过原田水的1/2。

（3）避免干死。稻田排水或晒田时，应先清理鱼沟、坑，使之保持一定的蓄水深度，然后逐渐排水，让鱼自由游进鱼沟中。切忌排水过急而造成鱼搁浅干死。

（4）清除水华。高温天气，长期蓄水的养鱼稻田水面漂浮一层翠绿色的膜状物，即“水华”。遇此，可于罾、鱼撮子或小抄网内垫一层薄布，小心滤除；还可每立方米水体用0.7克硫酸铜，配制成水溶液进行泼洒，即可消除水华。但硫酸铜毒性随温度变化很大，最好在专业人员指导下进行，以免造成鱼类中毒死亡。

3. 水稻种植管理

（1）施肥。稻田施肥应以有机肥为主，宜少施或不施用化肥。水稻苗期施化肥追肥时，要少施勤施，避免降低田间沟中水体的溶解氧，影响鱼的正常生长。如果稻田脱肥，可少量追施尿素，勤施薄施，每亩不超过5千克。水稻抽穗期间要尽量施钾肥，可增强抗病力，防止倒伏，提高结实率。

（2）农药施用。尽量减少除草剂和农药的使用。入田后若发生草荒可人工拔除。若需要用药，应做到科学诊治、对症下药，选择高效、低毒、低残留的药，喷洒农药时加深田水后再换水，分片分批用药，即先施稻田的一半，过两天再施另外一半。

水剂、乳剂宜在晴天露水干后或在傍晚喷药；下雨前不要喷药，以防雨水将农药冲入水中。施药时可以把稻田的进、出水口打开，让田水流动，边加边放，先从出水口一头喷施。把底泥冲洗2～3遍后加水至适当位置。药物应尽量喷在稻禾上，减少药物落入水中，提高防病治虫效果，减低农药对鱼类的危害。

4. 日常管理　养鱼期间要时常到田边观察鱼的活动情况，每天巡田，一是观察鱼的吃食和活动情况，看是否有异常，如果出现“浮头”等异常情况，要及时处理；二是查看是否有病虫害发生，如果有发生，要及时防治；三是查看防逃设施，田埂有无坍塌、漏水现象，进、排水口完好情况，拦鱼栅是否牢固；四是要在汛期对拦鱼栅前及鱼栅上的杂物及时清除，以保证排水畅通；五是根据水质和鱼类活动情况适时加注新水，保证田间适当水位。

认真做好养殖记录，重点要记录苗种来源及放养情况，包括苗种产地、规格、价格及放养时间、数量等；投饲及生长情况，包括饲料品种、数量、价格及每次抽样检查等；采取的主要技术管理措施，如防病用药、注水换水、发生的一些事故及收获情况等。

5. 暂养管理　秋季水稻收割时开始捕捞。稻谷收割后，要对鱼类进行暂养，可转移到周边池塘集中暂养（稻田中无鱼时，可将水稻秸秆还田）；或在水稻收割后，将稻田水加深至0.5～1米以上，捞出稻草，继续喂养到12月底至翌年年初，再捕捞上市。

6. 越冬管理　如果起捕的鱼需要越冬，从稻田捕捞出应尽快运往越冬池或加深稻田水深，应先放入深水池塘暂养，清除鳃内污泥和剔除病鱼，然后用5%的食盐水消毒10～15分钟。在稻田捕鱼时要精心操作，用手抓鱼时戴线手套，以免使鱼受伤或黏液、鳞片脱落，影响越冬成活率，入越冬池后要投饵进行后期饲养。

7. 捕捞　捕鱼前，先把鱼溜鱼沟疏通，使水流畅通，捕鱼时于夜间排水，等天亮时排干，使鱼自动进入鱼沟鱼溜，使用小网在排水口处就能收鱼，收鱼的季节一般天气较热，可在早、晚进行。挖有鱼坑的稻田，则于夜间可把水位降至鱼沟以下，露出底泥，鱼会自动进入鱼沟（坑）。若还有鱼留在鱼沟中，则灌水后再重复排水一次即可，然后以片网捕捞。

若捕捞在水稻收割前进行，为了便于把鱼捕捞干净，又不影响水稻生长，可进行排水捕捞。在排水前先要疏通鱼沟，然后慢慢放水，让鱼自动进入鱼沟，随着水流排出而捕获。如一次捕不干净，可重新灌水，再捕捞一次。

二、稻+鳅

（一）鳅的生物学特性

图3-10　鳅

1. 形态特征　鳅，常称为泥鳅（图3-10），在分类学上属于鱼纲、鲤形目、鳅科、泥鳅属；本属种类较多，全世界有10余种，广泛分布于中国、日本、朝鲜、印度、俄罗斯等地，在我国有一定养殖价值的品种有真泥鳅、沙鳅、花鳅、大鳞副泥鳅、台湾泥鳅等。

泥鳅体形较小，身体细长，前部呈长筒状，尾部侧扁，体长4 ~ 17厘米。侧线完全，但不明显，黏液丰富，适宜钻洞。

2. 生活习性　泥鳅属温水性底层鱼类，常栖息于底泥较深的湖边、池塘、稻田、水池等浅水区或腐殖质较多的淤泥表层，很少到水中上层活动，白天钻土，夜晚外出觅食。

生活水温10 ~ 30℃，最适水温为25 ~ 28℃，此时生长速度最快，水温升至30℃时潜入泥中度夏，水温降到5℃以下时钻入泥中越冬。具有很强的逃跑能力，雨水较多的春夏季节最易逃跑，尤其在水位上涨时会从稻田的进、出水口逃走。

3. 食性 泥鳅的食性很杂，主要以动物性饵料为主。幼苗阶段，体长5厘米以下时，主要摄食轮虫、枝角类、桡足类、浮游动物等；体长5 ~ 8厘米时，由摄食动物性饵料转变为杂食性饵料，主要摄食甲壳类、摇蚊幼虫、丝蚯蚓、河蚬、幼螺、水生昆虫等底栖无脊椎动物，同时摄食丝状藻、硅藻、植物的碎片及种子等；成鳅则以摄食植物性饵料为主。泥鳅多在晚上摄食，经过训练也可改为白天摄食。

4. 生长 泥鳅的生长速度和饲料、养殖密度、水温、性别、规格大小和发育阶段等密切相关。在南方地区,当年繁殖的鳅苗到年底体长为10厘米左右。在北方地区,当年繁殖的鳅苗到年底体长为6厘米左右。雌、雄泥鳅在生长10个月后开始出现明显差异，雌鳅生长比雄鳅快。在最适生长条件下，平均日增重0.2克左右；在人工养殖条件下，通常体长2 ~ 4厘米的个体，月可增长1.3 ~ 1.6厘米。当年的鳅苗可长至10厘米、体重10克左右的商品规格。泥鳅第2年的生长速度比第1年的生长速度慢，但由于肥满度增加了，肉质和口感会更好。

（二）场地建设

1. 场地选择 用于养殖的稻田应选择靠近水源、进排水方便且水源无污染的田块，田块土质以保水性好、渗水力差、弱碱性、高度熟化的壤土最好，黏土次之。矿质沙土、盐碱土、渗水漏水、土质贫瘠的稻田不能用于泥鳅养殖。沙质土或腐殖质较多的土壤保水力差，进行田间工程建设尤其是做田埂时容易渗漏、崩塌，也不适合用于泥鳅养殖。

养殖泥鳅的稻田面积不宜过大，以1 000米^{2}左右为佳，通常选取平整的低洼田、塘田、岔沟田。田埂要坚实不漏水，稻田周围没有高大树木，位置向阳，光照充足。以田间道路畅通，通电、通信条件较好为宜，便于管理。

2. 稻田工程建设 稻田水位浅，高温会影响泥鳅的生存生长，必须在稻田四周开挖鱼沟。鱼沟距离田埂50 ~ 100厘米，以保证田埂的牢固。鱼沟的位置、大小、数量根据稻田的自然地形和稻田大小确定。面积较小的稻田只需在田头周围开挖一条环形鱼沟即可；面积较大的稻田在稻田中心多开挖几条田间沟。

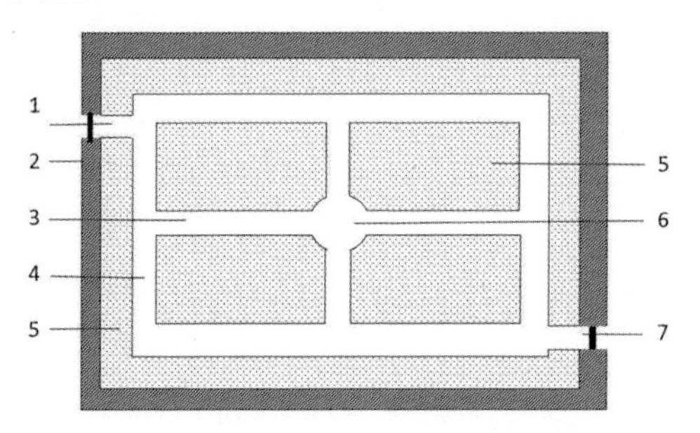

图3-11　十字形田间工程
1.进水口　2.田埂及防逃措施　3.田间沟
4.环形沟　5.水稻　6.鱼坑　7.排水口

鱼沟呈“十”字形（图3-11）或“井”字形。鱼沟宽50 ~ 80厘米，深60厘米以上，稻田周边鱼沟较宽，田中沟较窄。田中沟的交汇处可开挖面积2 ~ 3米^2、深60 ~ 80厘米的鱼坑，鱼坑既是夏季高温、施农药化肥及水稻晒田时泥鳅的栖息场所，又使泥鳅更易于集中捕捞。鱼沟和鱼坑面积不大于稻田总面积的10%。

加宽加固田埂，田埂高出水面30 ~ 40厘米，在田埂上埋设网片或塑料薄膜，防止泥鳅钻洞逃逸。在稻田四周安装防逃网，防逃网可用50厘米高的纱绢网，网下沿扎入泥土中，以免漫水时泥鳅逃逸。利用稻田四周的鱼沟建立独立的进排水系统，进水口与排水口成对角建造，便于水流畅通且均匀地流经整块稻田。排水口上方开一个溢水口，以防雨季冲毁堤坝。进、排水口和溢水口都要用双层防逃网罩好，以防泥鳅外逃。

3. 防逃设施建设　在进、排水口处安装由铁丝、柳条等编成的坚固拦鱼栅，拦鱼栅成弧形安装，凸面正对水流方向；进、排水口和溢水口都要用双层防逃网罩好，防泥鳅逃逸。田埂的漏洞、垮塌易造成泥鳅的逃逸，因此，养殖泥鳅的稻田都要加高加固田埂，经常检查，及时修补。因为泥鳅有很强的逆水能力，除了确保田基牢固无漏洞之外，蓄水水面需要低于田基10厘米以上，在稻田四周还需要增加50厘米高的纱绢网围栏。

（三）养殖技术

1. 品种选择及规格　泥鳅种苗（以下简称“鳅苗”）最好是来源于国家级、省级良种场或专业性鱼类繁殖场，外购鳅苗应检疫合格。鳅苗要求体质健壮、无病无伤。品种可选用养成个体规格大、生长速度快、易捕捉、产量高的台湾品种。鳅苗规格不能太小，否则影响存活率，一般选择放养规格为体长3 ~ 5厘米的鳅苗。

2. 苗种的投放　鳅苗放养时间为插秧后1周内。放苗前7天，在鱼沟、鱼坑内施入腐熟的畜肥每100米^2 40千克。然后每亩放鳅苗2万尾。放养前，用3% ~ 5%的食盐水浸泡5 ~ 10分钟，具体的消毒时间视鳅苗的反应情况灵活掌握。

放养时间选择晴天上午或傍晚前进行，避免中午放养。放苗时，将稻田与运输容器水温调节一致，进水口处先投放少量观察，无异常后再全部投放。同一池投放同一批规格相同的鳅苗，确保鳅苗均衡生长和提高成活率。放苗时要注意将有病有伤的鳅苗捞出，防止被病菌感染，引发病害。

3. 水稻的种植　宜选择茎秆粗壮、分蘖力强、抗倒伏、抗病、丰产性能好、品质优、适宜当地种植的水稻品种。水稻管理坚持“早育苗，早插秧，早田间管理”的原则，以便“早放养”延长稻鱼共生期。水稻施肥坚持配方施肥，重施底肥，巧施追肥。

4. 饵料补充　稻田中的杂草、昆虫幼虫、水蚤、水蚯蚓、螺类等是泥鳅的天然饵料，泥鳅可以充分利用稻田里的天然饵料，但由于要追求泥鳅产量，只有天然饵料是不够的，还需要投喂人工饲料。为充分利用稻田的生物饵料，一天只需要投喂一次就可以，投饵率为10%，具体投喂量要灵活掌握，一般以每次投料后1～2小时吃完为宜。有时也要根据水温增减投料量，当水温超过30℃或低于15℃时要停止投喂，当阴天或低气压时，也要减少投喂量或不投喂。

（四）养殖管理

1. 稻田管理

（1）科学施肥。稻田养殖泥鳅时，一般以施基肥和腐熟的农家肥为主，促进水稻稳定生长，抛秧前2～3天配合化肥使用，增产效果更佳。放养鳅苗后一般不施追肥，以免降低鱼沟中的溶解氧，影响泥鳅的正常生长。如果稻田脱肥，可以追施少量尿素促进分蘖，需勤施薄施，以每亩不超过5千克为宜。水稻抽穗期间尽量增施钾肥，可增强水稻抗病能力，防止倒伏，提高结实率。施肥时，先排浅田水，让泥鳅集中到鱼沟、鱼坑中再施肥，有助于水稻吸收肥料及减少对泥鳅的影响，随即加深田水到正常深度；也可少量多次、分片撒肥或根外施肥。

（2）小心用药。农田中使用的各种化学农药残毒会不同程度地污染水质，使泥鳅中毒致死，为了确保泥鳅安全，必须严格控制农药使用量和毒性，用药要严格选用高效低毒的农药，严禁使用明令禁止的农药。稻田用药注意施药的方法，喷药时，喷嘴朝上将药喷在稻叶上，在早晨露水未干时喷洒。喷药时，要避让鱼沟、鱼坑地带，为保障泥鳅的安全，第1次先喷洒田块的50%，第2次再喷洒剩余50%。也可以在喷药前先加深田水以降低水中药物浓度。施药期间注意泥鳅活动摄食情况，必要时更换新水。禁止在下雨天喷洒农药。

（3）合理晒田。水稻分蘖后期，晒田能抑制水稻无效分蘖，但晒田时的浅水位对泥鳅不利，因此稻田水位调控非常重要。晒田前要清理鱼沟、鱼坑，防止鱼沟、鱼坑阻隔淤塞。晒田要轻晒、短期晒，沟内水深保持在13 ～ 17厘米，以水稻浮根泛白为适度。尽可能不要晒太久，晒好后及时恢复水位，以免影响泥鳅生长。

（4）田水管理。田水的管理主要依据是既不影响水稻的生产而又能兼顾泥鳅的生活习性的需要来适时调节。盛夏高温田内适当加深水位调节水温，以利于泥鳅存活。秧苗在分蘖前期，用水适当浅些以促进生根分蘖。分蘖后期开始排水晒田，晒田时降低水位到田面以下3 ～ 5厘米，然后再灌水到正常水位。水稻拔节孕穗期开始到乳熟期，保持水深5 ～ 8厘米，往后灌田和露田交替进行。露田期间要经常检查进、排水口，严防水口堵塞和泥鳅逃跑。

2. 水质管理 在养殖过程中及时检测水质，包括溶解氧、水温、透明度等指标；及时调整水色，保持稻田里的水“肥、活、嫩、爽”，营造一个适合泥鳅生长的环境。水的透明度控制在25 ～ 30厘米水深范围，如果水体透明度低，可适当引入新水调节，每次加水或换水不得超过原田水的一半。水体酸碱度维持在弱碱性范围，pH7.0 ～ 8.5，若在养殖后期水质酸化较快，需及时使用少量生石灰进行调节。虽然泥鳅有较强的耐低氧能力，但是长期生活在低氧环境，不但会影响泥鳅的生长，也会降低其免疫力。经常加注新水能有效降低水中有机物耗氧量、增加水中含氧量。日常应保持田中水质清新，适时加注新水。如发现泥鳅浮头、受惊或日出后仍不下沉，应立即换水。

3. 日常管理 坚持每天巡田1～2次，以便及时发现和处理问题。检查防逃设施，特别是雨天注意仔细检查漏洞，及时填堵漏洞，清除进、排水口拦鱼栅上的杂物。观察泥鳅的活动和摄食情况，严防天敌入侵吞食泥鳅，严禁含有甲胺磷和毒杀芬、五氯酚钠等剧毒农药的水流入。泥鳅浮头时要加新水。

4. 暂养管理 泥鳅有较重的泥腥味，起捕后要经过新水暂养才能去除。根据泥鳅暂养数量可以分为水桶暂养、网箱暂养和水泥池暂养。

（1）水桶暂养。暂养时，桶中盛水约10千克，可暂养泥鳅1千克，暂养第1、2天每天换水，第3天起每天换水3～4次，暂养4～5天即可。

（2）网箱暂养。网箱由尼龙线或维尼龙线制成，网目约0.3厘米，网箱大小根据暂养泥鳅的数量制作，暂养密度为每立方米水体30～40千克泥鳅，网箱要放在水面开阔、水质良好的池塘中，经常检查网箱以防网破鳅逃，暂养3～4天即可。

（3）水泥池暂养。泥鳅数量较多时，用微流水的水泥池暂养。水泥池建在水源充足、水质清晰、交通便利的地方。蓄水10米^{3}左右的水泥池可暂养泥鳅400～500千克，池内要建排污和增氧设施。用水泵或水塔供水，上进下出，水流速度约0.5米/秒，忌中途断水，否则应开动增氧机增氧。

5. 越冬管理 稻田收割前，将未达到商品规格的泥鳅转入池塘越冬。根据需要保存的泥鳅数量确定池塘面积，池塘每平方米面积放养泥鳅约2.5千克，水深1.0～1.2米，可以用水泥池，也可以用土池，但池底都要保有20厘米深的软泥用于泥鳅栖息。

6. 捕捞 泥鳅捕捞最好在10月水稻收割前进行，可缓慢放出稻田水，将泥鳅赶入鱼沟或鱼坑中，用手抄网进行捕捞。或用地笼捕捉，地笼内放一些炒熟的米糠为诱饵，可以提高捕获量。

排水干捕法，即稻谷收割后，把田中鱼沟、鱼坑疏通，排水让稻田露出表面泥土，使泥鳅随水流入鱼沟、鱼坑之中，1～2天后再次排水，主要是排掉鱼沟、鱼坑中的水，使大部分泥鳅集中在鱼坑内，捕捉者先用抄网抄捕，然后用铁丝制成的网具连淤泥一并捞起，除掉淤泥，留下泥鳅。此外，还有药物驱捕法、灯光照捕法等。

（五）病害防控

泥鳅养殖过程中，要注意做好病害防控工作，以预防为主，治疗为辅，做到无病先防，有病早治，防治兼施，防重于治。加强管理，防患于未然。

1. 病害检查　泥鳅的疾病一旦出现症状通常难以治愈，平时应注意观察养殖阶段泥鳅的表现，从体表情况、摄食、活动、对外界的反应，初步判断泥鳅是否发病，再通过检测患病的各项生理指标、患病的症状和显微镜检查的结果做出确诊，做到早发现、早预防、早治疗。

2. 疾病预防　泥鳅一旦发病，治疗起来很困难，应当以预防为主、治疗为辅。泥鳅放养前对养殖水体进行彻底的清塘消毒。选择体质健壮、活动强烈、无病无伤的鳅苗。鳅苗下田前进行严格的鳅体消毒，避免带菌入田。养殖期及时换水，把握好投饵量，并及时捞出剩饵。每天巡田，发现病鳅、死鳅及时捞出，查明发病及死亡原因，及时采取治疗措施。

3. 常见疾病与防治

（1）车轮虫病。车轮虫病由车轮虫寄生所致。泥鳅患此病后摄食减少，离群独游，浮于水面缓慢游动，或在水面打转，身体瘦弱，体表黏液增多，严重时虫体密布，如不及时治疗，轻则影响生长，重则引起死亡。流行季节为5 ~ 8月。

预防措施：放养前，用生石灰彻底清田消毒。

治疗方法：发病水体用药物全田泼洒，每立方米水用0.5克硫酸铜和0.2克硫酸亚铁，全田泼洒。

（2）肠炎病。由嗜水气单胞菌引起。病鳅肛门红肿、挤压有黄色黏液溢出，肠内无食物或后段肠有少量食物和消化废物，肠壁充血呈红色，严重时呈紫红色。病鳅常离群独游，动作迟缓，体表无光泽，不摄食，最后沉入池底死亡。水温25 ~ 30℃时是发病高峰期，死亡率高达90%以上。

预防措施：使用新鲜饲料，不投喂变质饲料；放鳅苗时，用食盐水对鳅苗进行消毒；用光合细菌改良底质，效果显著。

治疗方法：用大蒜素5克拌入4千克饲料中投喂，连喂3天；或每50千克泥鳅用2克诺氟沙星拌料投喂；或每50千克泥鳅用复方新诺明5克、抗坏血酸钠0.5克拌料投喂3天。

（3）赤皮病。由于水质恶化、鱼体擦伤、感染荧光假单胞菌所致。病鳅体表充血发炎，鳍、腹部皮肤及肛门周边充血、溃烂；病鳅身体瘦弱。

预防措施：捕捞或运输鳅苗时小心操作，避免鳅体受伤。

治疗方法：发病田每立方米水用1克痢特灵或漂白粉全田泼洒，或用20 ~ 50克/升的食盐水溶液浸洗病鳅15 ~ 20分钟。

三、稻+小龙虾

（一）小龙虾的生物学特性

1. 形态特征 小龙虾，也称为克氏原螯虾、红螯虾和淡水小龙虾。小龙虾形似虾而甲壳坚硬。成体一般在5.6 ~ 11.9厘米，整体颜色包括红色、红棕色、粉红色。背部是酱暗红色，两侧是粉红色，带有橘黄色或白色的斑点。

甲壳部分近黑色，腹部背面有一楔形条纹。幼虾体为均匀的灰色，有时具黑色波纹。螯狭长。甲壳中部不被网眼状空隙分隔，甲壳上明显具颗粒。额剑具侧棘或额剑端部具刻痕。爪子是暗红色与黑色，有亮橘红色或微红色结节。幼虫和雌性的爪子的背景颜色可以是黑褐色。头顶尖长，经常有微刺或结节，结节通常具锋利的脊椎。

体形较大，呈圆筒状，甲壳坚厚，头胸甲稍侧扁，前侧缘除海螯虾科外，不与口前板愈合，侧缘也不与胸部腹甲和胸肢基部愈合。颈沟明显。第1触角较短小，双鞭。第2触角有较发达的鳞片。3对颚足都具外肢。步足全为单枝型，前3对螯状，其中第1对特别强大、壳厚坚硬，故又称为螯虾；末2对步足简单、爪状。鳃为丝状鳃。小龙虾头部有触须3对，触须近头部粗大，尖端小而尖。在头部外缘的一对触须特别粗长，一般比体长长1/3；在一对长触须中间为两对短触须，长度约为体长的一半。栖息和正常爬行时，6条触须均向前伸出，若受惊吓或受攻击时，两条长触须弯向尾部，以防尾部受攻击。

胸部有步足5对，第1 ~ 3对步足末端呈钳状，第4 ~ 5对步足末端呈爪状。第2对步足特别发达而成为很大的螯，雄性的螯比雌性的更发达，并且雄性小龙虾的前外缘有一鲜红的薄膜，十分显眼。雌性则没有此红色薄膜，因而这成为雄雌区别的重要特征。尾部有5片强大的尾扇，母虾在抱卵期和孵化期，尾扇均向内弯曲，可以在爬行或受敌时，起到保护受精卵或稚虾免受损害的作用（图3-12）。

2. 生活习性 小龙虾适应性极广，具有较广的适宜生长温

图3-12　小龙虾

a、b.腹面观　c.背面观

度，在水温为10 ～ 30℃时均可正常生长发育。亦能耐高温和严寒，可耐受40℃以上的高温，也可在气温为－14℃以下的情况下安然越冬。

小龙虾生长迅速，在适宜的温度和充足的饵料供应情况下，经2个多月的养殖，即可达到性成熟，并达到商品虾规格。一般雄虾生长快于雌虾，商品虾规格也较雌虾大。

同许多甲壳类动物一样，小龙虾的生长也伴随蜕壳。蜕壳时，一般寻找隐蔽物，如水草丛中或植物叶片下。蜕壳后，最大体重增加量可达95%，一般蜕壳11次即可达到性成熟，性成熟个体可以继续蜕壳生长。其寿命不长，约为1年。但在食物缺乏、温度较低和比较干旱的情况下，寿命最长可达2 ～ 3年。

3.食性　小龙虾属于杂食动物，在饮食习性上，小龙虾食性广泛，喜欢吃小鱼、小虾以及其他水中生物。小鱼、小虾、浮游生物、维管束植物、底栖生物都可以作为它的食物。

小龙虾机体内的虾青素含量与其抵御外界恶劣环境的能力正相关，即虾青素含量越高，其抵御外界恶劣环境的能力就越强。小龙虾自身无法产生虾青素，主要是通过食用微藻类等获取虾青素，并在体内不断积累而产生超强的抗氧化能力。虾青素能有效增强小龙虾的抵抗恶劣环境的能力及提高繁殖能力。因此，虾青素是小龙虾如此顽强生命力的强有力保障，当环境中缺少的含有虾青素微藻时小龙虾反倒难以生存。这也带给人们认识上的一些错觉——小龙虾必须生活在肮脏的环境中。

4. 生长 小龙虾与其他甲壳动物一样，必须脱掉体表的甲壳才能完成其突变性生长。在池塘中养殖到第2年的7月，平均全长达10.2厘米，平均体重达35克。在条件良好的池塘里，刚离开母体的幼虾生长2 ～ 3个月可达上市规格。

5. 繁殖习性 小龙虾常年均可繁殖，5 ～ 9月为高峰期。在繁殖期喜掘穴。洞穴位于池塘水面以上20厘米左右，深度达60 ～ 120厘米，内有少量积水，以保持湿度，洞口一般用泥帽封住，以减少水分散失。在夏季的夜晚或暴雨过后，其有攀爬上岸的习惯，可越过堤坝，进入其他水体。

小龙虾雌雄异体，并且具有较显著的第二性征。①腹部游泳肢形状不同，雄虾腹部第一游泳肢特化为交合刺，而雌虾第一游泳肢特化为纳精孔；②螯足具明显差别，雄虾螯足粗大，螯足两端外侧有一明亮的红色疣状突起，而雌虾螯足比较小，疣状突起不明显；③雄虾螯足较雌虾粗大，个体也大于雌虾。

小龙虾的卵巢发育持续时间较长，通常在交配以后，视水温不同，卵巢需再发育2 ～ 5个月方可成熟。在生产上，可从头胸甲与腹部的连接处进行观察，根据卵巢的颜色判断性腺成熟程度，把卵巢发育分为苍白色、黄色、橙色、棕色和深棕色等阶段。其中，苍白色是未成熟幼虾的性腺，细小，需数月方可达到成熟；橙色是基本成熟的卵巢，交配后需3个月左右可以排卵；茶色和棕黑色是成熟的卵巢，是选育亲虾的理想类型。精巢较小，在养殖池塘中，一般与卵巢同步成熟。在美国各主要的螯虾生产区域，一般采用逐步排干池水的方法，来刺激螯虾的性腺成熟，促进亲虾交配产卵。

小龙虾几乎可常年交配，每年春季为高峰。交配一般在水中的开阔区域进行，交配水温幅度较大，15 ～ 31℃均可进行。在交配时，雄虾通过交合刺将精子注入雌虾的纳精囊中，精子在纳精囊中贮存2 ～ 8个月，仍可使卵子受精。雌虾在交配以后，便陆续掘穴进洞，当卵成熟以后，在洞穴内完成排卵、受精和幼体发育的过程。

小龙虾的繁殖比较特殊，大部分过程在洞穴中完成，故在平常的生产中难以见到抱卵虾。卵巢在交配后需2 ～ 5个月才成熟，并进行排卵受精。受精卵为紫酱色，黏附于腹部游泳肢的刚毛上，抱卵虾经常将腹部贴近洞内积水，以保持卵处于湿润状态。

小龙虾的怀卵量较小，根据规格不同，怀卵量一般在100 ～ 700粒，平均为300粒。卵的孵化时间为14 ～ 24天，但低温条件下，孵化期可长达4 ～ 5个月。小龙虾幼体在发育期间，不需要任何外来营养供给，刚孵出的仔虾需在亲虾腹部停留几个月左右，方脱离母体。

若条件不适宜，可在洞穴中不吃不喝数周，当池塘灌水以后，仔虾和亲虾陆续从洞穴中爬出，自然分布在池塘中，有时亲虾会携带幼体进入水体之中，然后释放幼体。小龙虾虽然抱卵量较少，但幼体孵化的成活率很高。由于小龙虾分散的繁殖习性限制了苗种的规模化生产，给集约性生产带来不利影响(图3-13)。

图3-13　小龙虾繁殖期打洞

（二）场地建设

1.场地选择

（1）场地大小。贵州主要以山区为主，因此小面积田块较多，大多数的稻田面积为两分地（约133.4米^2）、三分地（约200.1米^2）、五分地（约333.5米^2）或七分地（约466.9米^2），单块面积数在数亩以上田块较少，大面积连片稻田更少；加之贵州山区一些地方田块为小块梯田并成串状分布，笔者从田间改造、防逃设施建设等因素考虑，认为这样的田块有建设投入成本高、产出少、管理不方便等缺点，不适合小龙虾养殖；对于贵州这样特殊的地形特点，建议小龙虾养殖田块大小选择为单块田面积在2 000米^{2}以上，或是小田块能连成片，也可用于稻田养殖小龙虾（图3-14）。

图3-14 稻田养殖小龙虾
a.小田块成片稻田养殖场地 b.较大面积稻田养殖场地

（2）土壤。以壤土为宜，底质肥沃而不淤，以淤泥厚度在20～30厘米为宜。

（3）田埂。田埂土壤以壤土为宜，田埂要坚实、不渗漏、保水性能好，以保证在暴雨季节不会被雨水冲垮。

（4）环境。养殖区周边没有大的噪声，离省道、国道以及高速公路、高速铁路、机场、火车站等的距离应在500米以上。

周边的人文环境较好，较少发生盗窃、毒鱼事件。能够保证小龙虾的安全生产，稻田周围不得有树木和高秆植物。

（5）交通。交通便利，便于小龙虾的运输与管理。

2. 稻田工程建设

（1）田埂改造和稻田转角处建设。一般水稻的田埂过于细窄，不利于布置防逃网和饲养管理，应该加高为50厘米，加宽为40厘米，夯实，以不渗漏为宜（图3-15）。田块转角处设置为圆弧形，以避免逃虾和天敌进入。

图3-15　田埂改造与田块转角处建设

（2）虾沟、虾凼的建设。为了便于水稻种植期间稻田的浅灌、晒田、施肥等农事操作，同时满足小龙虾的饲养管理、捕捞等，需要在即将规划养殖小龙虾的稻田中进行虾沟、虾凼的建设。虾沟、虾凼一般在插秧前挖好。根据贵州田块面积的实情，虾沟一般开挖成环沟，如适宜进行小龙虾养殖的单块稻田或小块成片稻田面积小于1亩，虾沟度为1.5 ~ 2米，沟深为80 ~ 100厘米；如果成片稻田面积在1亩以上，虾沟宽度可以适当增加，增加到3 ~ 4米，沟深80 ~ 100厘米。在贵州，成片大面积的稻田较少，因此，虾沟建议开挖三边为好，一边不开挖，目的是便于从事农事活动和保证稻谷种植面积。虾凼建设根据养殖密度而定，如果养殖密度较大，可以考虑设置虾凼，一般情况下不需要设置虾凼。

(3) 虾岛、虾洞的设置。如条件允许，即有连片田块或较大田块，建议设置虾岛、虾洞。虾岛、虾洞可以给小龙虾提供安全、舒适的生活场所，拓宽其活动空间，并能有效地减少小龙虾的体能消耗，加快它们的生长速度，提高小龙虾成活率。

3. 防逃设施建设　防逃设施主要有两个方面：一是在进、出口附近架设防逃设施，即进出水口过滤网（过滤网材料可以是铁丝网，也可以是双层密网）；二是在田的四周设置布网、石棉网、塑料薄膜及其他材料做成的围栏，围栏高度为40 ～ 60厘米，保证小龙虾不能攀爬出逃，如果稻田养虾实施面积大，建议在田块外围安装防盗网，保证养殖安全（具体是否安装可根据当地民风而定）(图3-16)。

图3-16　防逃网和防盗网

（三）养殖技术

稻田养殖小龙虾有稻虾连作、稻虾共生等模式。因贵州地形、百姓劳作观念所限，贵州进行稻田养殖小龙虾可采取稻虾共生模式，以保证后期田块其他农作物的生产。

1. 小龙虾的投放

(1) 虾苗质量要求。同一批虾苗中，要求规格整齐、无病无伤、肢体健全、体格健壮。虾苗的质量鉴定方法有“三看”：

一看体色，好的小龙虾虾苗色素相同（图3-17），体色鲜艳有光泽，差的虾苗体色暗淡（图3-18）；

图3-17 好苗

图3-18 差苗

二看虾苗的活动能力，将虾苗干放在容器中，跳跃活跃的为好虾苗，跳跃迟缓的为差虾苗，加水后活动迅速的为好虾苗，活动迟缓的为差虾苗；

三看群体组成，好虾苗规格整齐、体格健壮、身体光滑而不带泥，游动活泼，差的规格参差不齐，个体瘦弱，有的身上还带有污泥。

（2）虾苗投放时间。贵州因插秧时间较晚，一般在5 ~ 6月，选择在秧苗返青后投放，此时经10 ~ 15天的培育，稻田因施放农家肥肥田，水中天然饵料生物较为丰富，小龙虾进入后能够得到丰富的饵料，也有利于小龙虾尽快适应新的环境，缩短适应期，加快生长速度。

（3）投放虾苗的规格与数量。贵州地区虾苗投放数量一般用100 ~ 150只/500克的虾苗，建议投放20千克左右为好，即每亩放养虾苗4 000 ~ 6 000只。

2. 水稻的种植　见第三章“一、稻+鱼（四）养殖技术”。

3. 饵料补充　稻田中养殖小龙虾，可以给小龙虾提供丰富的生物饵料，如昆虫、螺蛳、水稻害虫以及一些枝角类等。也可以提供一些植物性饵料，如水草、稻田杂草等，这些都是小龙虾的维生素来源。一般来说，如果养殖密度不大，不需要另行投喂饵料。对普通农户而言，建议小密度养殖，可减少饲养成本。如果养殖稻田面积较大、虾沟较宽，养殖密度可以适宜增大，这时可以投喂一些人工饲料，各类粮食植物的果实，麸皮、米糠等，如果靠近屠宰场，还可以喂一些动物下脚料等。需要注意的是，7 ～ 8月水温比较高，此时水稻需要晒田，小龙虾活动范围相对较小；水温又高，食欲会减退，可以投喂一些植物性饵料，保证小龙虾正常生理需要。

4. 脱壳期养殖技术　小龙虾脱壳期间任何干扰都会造成小龙虾的脱壳障碍而使其死亡（图3-19），因此，在小龙虾脱壳期间，禁止大声喧哗和噪声，禁止有强光刺激。在脱壳前要加强营养，多投放一些动物性饵料，保证小龙虾有足够的体力尽快脱壳。保证水体清澈，防止小龙虾脱壳期间感染疾病，影响小龙虾的成活率。每隔20天左右全沟泼洒生石灰水1次，浓度为5 ～ 10毫克/升，以增加水中钙质，可以提高小龙虾脱壳的成活率。禁止打捞水草，制止水鸟、老鼠、蛙类、野杂鱼的进入，防止它们对小龙虾造成伤害。

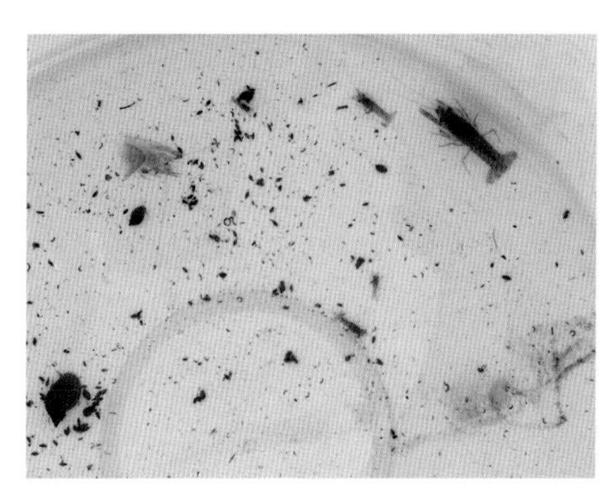

图3-19　虾脱壳

（四）养殖管理

参考第三章“一、稻+鱼（五）养殖管理”。

（五）捕捞

稻田养殖小龙虾的捕捞方式和稻田其他养殖方式的捕捞一样，采用一次放足、多次捕捞的方法，一般虾苗经过2个多月的饲养就有部分个体达到上市规格，此时可以进行捕捞，原则还是捕大留小。在水稻收割后，可以干田捕捞。

四、稻+蛙

（一）蛙的生物学特性

稻蛙养殖模式中用的蛙常为黑斑蛙，隶属于蛙科侧褶蛙属的两栖动物。黑斑蛙成蛙体长一般为7 ~ 8厘米，体重为50 ~ 60克，最大个体重100克左右。一般情况下，同龄黑斑蛙的雌蛙比雄蛙大。黑斑蛙的身体分为头、躯干和四肢3个部分，成体无尾。一般1年性成熟，但是一般选择2 ~ 3龄作为繁殖亲本，1对75克左右的青蛙在繁殖季节产卵量为2 000 粒左右，水温在20℃左右时，2 ~ 3 天即可破膜。

1. 形态特性 黑斑蛙头部略呈三角形，长略大于宽，口阔，吻钝圆而略尖，近吻端有两个鼻孔，鼻孔长有鼻瓣，可随意开闭以控制气体进出。雄蛙有一对颈侧外声囊，鸣叫声音较大；雌蛙无声囊，但也会鸣叫，比雄蛙鸣叫的声音小。两眼位于头上方两侧，有上下眼睑，下眼险上方有一层半透明的瞬膜，眼圆而突出，眼间距较窄，眼后方有圆形鼓膜。躯干部分与头部直接相连，因没有颈部，头部无法自由转动。躯干部分短而宽，内有内脏器官。躯干末端有一泄殖孔，兼具生殖与排泄的作用。成体黑斑蛙背部颜色为深绿色、黄绿色或棕灰色，具有不规则的黑色斑，腹部颜色为白色、无斑。背部中间有一条宽窄不一的浅色纵脊线，由吻端直达肛门，体背侧面上方有1对较粗的背侧褶，两背侧褶间有4 ～ 6行不规则的短肤褶，若断若续，长短不一。黑斑蛙四肢由两前肢、两后肢组成。前肢短，指侧有窄的缘膜；后肢较长，趾间几乎为全蹼。雄蛙第一指基部有婚垫，有利于在繁殖期间和雌蛙抱对（图3-20）。

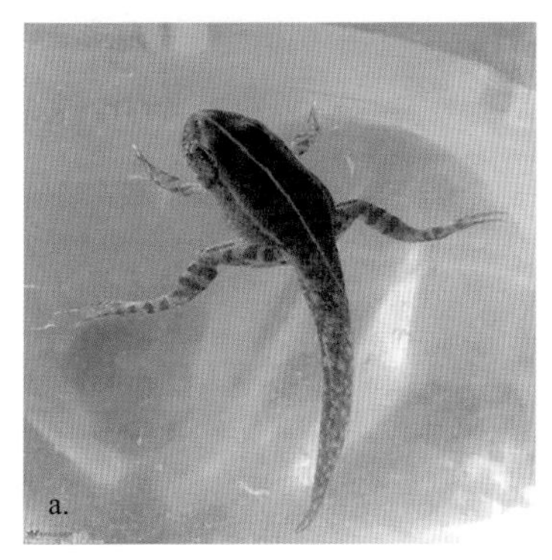

图3-20　黑斑蛙
a.变态期　b.成蛙

2.生活习性　黑斑蛙喜群居，常常几只或几十只聚集栖息在一起。在繁殖季节，黑斑蛙成群聚集在稻田、池塘的静水中抱对、产卵。白天，黑斑蛙常躲藏在沼泽、池塘、稻田等水域的杂草、水草中，黄昏后开始出来活动、捕食。一般11月开始冬眠，钻入向阳的坡地离水域不远、耐裂的沙质土壤中，深10 ～ 17厘米，在东北寒冷地区黑斑蛙可钻入沙土中120 ～ 170厘米以下，翌年3月中旬出蛰。

3.食性　蝌蚪期为杂食性，植物性、动物性食物都能摄食。

蝌蚪孵出后，主要靠吸收卵黄囊中的营养维持生命，3 ～ 4天后开始摄食水中的单细胞藻类和浮游生物等食物。蝌蚪变态成幼蛙后，蛙眼的结构特点决定了成体黑斑蛙只能捕食活动的食物。主要以昆虫纲的昆虫为食，如鞘翅目、双翅目、直翅目、半翅目、同翅目、鳞翅目的昆虫等，另外还吞食少量的螺类、虾类及脊椎动物中的鲤科、鳅科小鱼及小蛙、小石龙子等。捕食时，黑斑蛙先蹲伏不动，一旦发现捕食对象，其微调一下身体的方向，在靠近捕食对象时迅猛地扑过去，将食物用舌卷入口中，再整个吞咽进腹中。吞咽时眼睛收缩，帮助把食物压入腹中。

4. 生长与繁殖 青蛙是雌雄异体，体外受精，精子和卵细胞在水中完成受精。4 ～ 7月为生殖季节，产卵的高潮在4月。受精卵经过10 ～ 15天即可孵化为蝌蚪，刚孵化的蝌蚪有一条扁而长的尾，用头部两侧的鳃呼吸，长出内鳃的蝌蚪，外形像一条鱼；再经过2个月的生长即变成长出四肢的幼蛙，用肺呼吸，裸露的皮肤有辅助呼吸的作用；幼蛙逐渐发育为成蛙。蝌蚪生活在水中，用鳃呼吸；成蛙水陆两栖，同样用肺呼吸，辅之以裸露的皮肤辅助呼吸。这种幼体和成体在外部形态结构和生活习性上有很大差别的发育方式称为变态发育。发育过程为：受精卵→蝌蚪→幼蛙→成蛙。

（二）场地建设

1. 场地选择 实施稻田养蛙的田块应选择相对远离人群居住的地方，且田块相对规整、大小适宜、水源方便、天干不旱和雨涝不淹。田块不宜过大，对于较大田块可用围网（防逃网）分割为若干小单元，并在围网内留出距蛙沟约80厘米宽的田埂，小单元大小以200米^{2}左右为宜，过大不利于观察蛙群在田间的活动及采食情况，不利于蛙群的人工驯化投料和集中饲养管理。

2. 稻田工程建设

（1）开挖蛙沟、蛙溜。蛙沟、蛙溜的建设既要满足蛙类动物的两栖生活习性，又要便于后期水稻收割前对蛙类捕捉。蛙沟的建设可沿田埂内侧四周开挖一条宽1.2米、深0.4米的环形蛙沟，作为青蛙蝌蚪养殖池和幼蛙变态的上岸设施，中间部分栽种水稻，在蛙田四周用白色的塑料薄膜进行围网建设，要求塑料薄膜深入泥土20厘米，防止蛇和老鼠进入蛙田偷吃幼蛙（图3-21）。

图3-21　稻田养蛙田间工程

（2）饵料台搭建。蛙具有互相残食的习性，体质弱小的蛙及病蛙会被蛙群中的其他个体吃掉，而且，稻田中的天然饵料也不能满足大量蛙群的采食。因此，在蛙群投放后如果不及时进行人工投喂饲料，就会造成蛙群生长不同步，进而加剧蛙群内的自相残食现象。料台的规格及数量可根据田块大小、田块形状及蛙种密度进行合理调整布置，一般要求饵料台面积在1米×1.5米左右或更小比较好，有利于青蛙进行摄食，依次沿着蛙沟进行摆放（图3-22）。

图3-22　建好的饵料台及防逃设施

（3）防逃防天敌的设施建设。蛙类善跳跃，且有白天躲藏于湿间的草从和松散的泥土中的习性，因此在利用尼龙纱网建造防逃隔离带的时候，须将尼龙纱网埋入田埂泥土中20厘米左右，并保证地上部分高度在1～1.2米以上，然后用竹竿或木棒、钢管等每隔1.5米栽插1根固定。此外，可用塑料薄膜等质地光滑的材料覆盖在地上部分的防逃尼龙纱网上缘10～15厘米处，防止个别蛙攀爬逃跑。进排水口则按照“高进低出”的原则分别设置在田块的高、低两处，并用隔离网阻止外来有害生物及其他杂质进入田里（图3-23）。

图3-23　防逃网的构建结构

此外，空中的鸟类会随时进入蛙田猎食小蛙，因此需要在蛙田上空架设天网，具体做法如下：用尼龙绳编制成网状的天网，网孔为两指半宽，距离地面1.8米高，并用钢管或石材进行支撑，在蛙田的各个角落，可以放置一定数量的镜子，利用光的反射来吓唬鸟类。

（三）养殖技术

1.品种选择及规格　蛙种应选择经济价值高、适应性强、体格健壮、活性强、健康无伤病、当年繁殖的幼蛙。放养前需用2%～3%的食盐水进行泡浴消毒5～10分钟。蛙种投放过程中应严格控制投放密度，若密度过小，则不易对蛙进行人工投料的驯化；若密度过大，则易加剧蛙群之间相互争夺、踩踏、残食等现象，其排泄物也会增加生存环境负荷，导致环境恶化，容易滋生细菌和病毒，进而增加蛙群发生疫病的概率。因此，蛙群密度的控制应综合考虑水质水源、稻田的病虫害、风力风向及人工投料等各种环境因子和人为因素。

2. 蛙种的投放　秧苗返青后10 ～ 15天，可进行幼蛙投放。一般投放的幼蛙大小在1 ～ 3克，尽可能让投放的幼蛙大一些，有利于提高下田成活率，投放时间应选择在晴天的早晨。投放的幼蛙要求体质壮、无伤病、规格整齐。可以按照每亩田投放3克左右幼蛙10 000 ～ 12 000只计算投放量。

3. 水稻的种植　参考第三章“一、稻＋鱼（四）养殖技术”中“3.水稻的种植”。值得注意的是，秧苗行穴距均为23厘米×12厘米，或采用旋耕机进行宽窄行栽种，更有利于提高蛙的生存空间。

4. 饵料补充　参考第三章“一、稻＋鱼（四）养殖技术”中“4.饵料补充”。值得注意的是，幼蛙投喂量为体重的5% ～ 6%，成蛙为2% ～ 4%，一般以黑斑蛙在2小时内食完为宜。前期投喂1天2次，早晨傍晚各投1次，中后期则1天1次，投喂时间为傍晚（图3-24）。

图3-24　饵料投喂

（1）蝌蚪变态。初产的小蝌蚪3天内活动少，不觅食，一般吸附在卵膜上，依靠卵黄营养维持生命。3天后活动开始增加，并开始觅食，此时可适量投喂熟的蛋黄末，逐步投喂水蚤、藻类及熟鲜的薯类沫。经10天初期生长发育后，摄食能力增强，进入生长前期。20天后消化功能完善，进入生长中期，可加投浮萍等藻类水生植物。50天后进入生长后期，逐渐长出后腿，由水生转向水陆两栖。80天后进入变态期，长出前肢，吸收尾巴，成为幼蛙（图3-25）。

图3-25　即将完成变态的蝌蚪

（2）幼蛙养殖。刚变态的幼蛙，视觉和嗅觉尚不能完全适应陆栖生活，此时应投活饵料，幼蛙刚变态时体质瘦弱，对外界环境适应能力差，是提高养殖成活率的关键时期。特别是前10天,要投喂新鲜活饵（蚯蚓、蝇蛆、黄粉虫等），并适当投喂少许专用配合饲料，以后逐步加投饵量，将饵料投放在固定的料台内，投饵量以幼蛙在2小时内基本吃完为度；一般幼蛙每天投饵料3 ～ 4次，每次间隔6 ～ 8小时。

（3）成蛙养殖。成蛙每天投喂饵料1次。把饵料分置于饵料台上即可。每天每次投饵时，要清理上次的残余饵料。

（四）养殖管理

1. 苗种补充　参考第三章“一、稻＋鱼（五）养殖管理”。

2. 稻田管理　参考第三章“一、稻＋鱼（五）养殖管理”。

3. 水质管理　参考第三章“一、稻＋鱼（五）养殖管理”。

4. 水稻种植管理　参考第三章“一、稻＋鱼（五）养殖管理”。

5. 饲养管理　因幼蛙有互相残食的现象，每隔7 ~ 10天应将不同规格的个体挑选出来分级养殖，防止强食弱、大吃小。

及时清除饵料台中剩余的饵料。同时定期对饵料台进行消毒，以免滋生细菌，引发疾病。

6. 日常管理　参考第一章“一、稻+鱼（五）养殖管理”。

7. 暂养管理　为提高幼蛙成活率，入田前，应对幼蛙进行统一暂养，统一驯化。待幼蛙可以摄食饲料后即投入稻田中养殖。暂养过程中，要把握好暂养密度，按时驯化，并保持良好的水质，减少疾病发生。

8. 越冬管理　适当投料。越冬期间蝌蚪并非完全处于冬眠状态，当水温达到15 ~ 20℃时会正常活动、摄食。此时，可根据蝌蚪的食欲，适当投料，供蝌蚪摄食，以增强抗寒能力和促进生长发育。

（1）控制水温。控制水温是整个越冬管理的重点工作。在自然条件下越冬的蛙，如果遇到连续寒冷的天气，就要设法升高水温，防止水面结冰，保证水底越冬的蛙不被冻死。同时，在洞穴和草堆外面可加盖禾草、塑料薄膜，防止冷空气入侵而冻死正在越冬的蛙。

（2）调节水质。在水下冬眠的蛙主要通过皮肤呼吸水中的溶解氧维持体温和生命。而采用塑料薄膜大棚越冬，由于饲养密度大，要定期加注新水，保持水质。

9. 捕捞　蛙的捕捉是养殖过程中一个很重要的环节，一般多在越冬前进行。在养殖过程中，为了大小蛙分级分养也要进行捕捉。捕捉方法一般用灯光照射捕捉，小规模的养蛙场，最好在傍晚及夜间，利用蛙喜夜间活动，用手电筒照射蛙的眼部，蛙受了强光刺激，往往静止不动，然后用有柄的捞网迅速捕捉，效果很好。

10. 蛙病预防　稻田养蛙的常见疾病主要有肠胃炎、腐皮病、少量歪头病等，其中针对肠胃炎只需要在日常配合饲料中添加少量的土霉素类抗生素即可起到预防效果，对于腐皮病，主要是在黑斑蛙入冬前，投喂一些多种维生素即可；而针对歪头病，目前没有特效药，如果少量发病只需清除病蛙，大量发病就需要使用氟苯尼考进行浸泡处理。

五、稻+鳖

（一）生物学特性

鳖，隶属龟鳖目鳖科鳖属，是爬行冷血动物，俗称甲鱼、团鱼、王八，具有较高的营养价值和药用价值，是我国传统名贵水产养殖品种。

1.形态特征 鳖体躯扁平，呈椭圆形，背腹具甲；通体皮肤革质，无角质盾片；头部粗大，前端略呈三角形；吻端延长成管状，具长的肉质吻突，长约与眼径相等；眼小，位于鼻孔后方两侧；口无齿，脖颈细长，呈圆筒状，伸缩自如，视觉敏锐（图3-26）。

图3-26　鳖

2.生活习性 鳖生活于江河、湖泊、沼泽、池塘、水库等水流平缓、鱼虾繁生的淡水水域，也常出没于大山溪流中。在安静、清洁、阳光充足的水岸边活动较频繁，有时上岸但不能离水源太远。能在陆地上爬行、攀登，也能在水中自由游泳。对水体盐度（不能超过1%）较敏感，对硬度、pH的适应范围较广。

3.食性 鳖属于杂食性动物，以动物性饵料为主，生长期不同，食性有所差异。稚幼鳖阶段，主要摄食大型浮游动物及虾幼体、鱼苗、水生昆虫、蚯蚓，鲜嫩水草和蔬菜等。成品鳖喜欢吃螺、蚌、小鱼、小虾、泥鳅、动物尸体及其他底栖动物。人工饲养时，可投喂配合饲料、瓜、果等食物。鳖有抗饥饿的能力，3个月不进食也不会饿死，但不会增重。

4. 生长　鳖是变温动物，体温过高或过低，会直接影响到自身的生长发育与繁殖，栖息环境因季节而异。鳖的适宜生长温度为25 ～ 35℃，最适生长温度为28 ～ 30℃。水温高于35℃，摄食减弱，潜居阴凉处避暑，出现夏眠；水温低于15℃，停止摄食；10℃以下时，完全停止活动和觅食，进入冬眠状态。

天然生长的鳖，孵化率低、生长缓慢，仅有30%的可以稚鳖长成体重约为250克以上的成鳖。生长时间往往需要3 ～ 4年或更长的时间。在稻+鳖养殖模式下，加上人工饲养，鳖生长速度加快。稚鳖通过一年的饲养，一般可以长到250克左右。

5. 繁殖习性　鳖为雌雄异体，体内受精、体外孵化的卵生动物。繁殖季节因各地气候环境的不同而有差异，一般为5 ～ 8月。水温20℃以上开始发情交配，1年内可多次交配、多次产卵，或1次交配、多次产卵。交配后2周左右，雌鳖便可开始产卵。气温25 ～ 30℃，水温28 ～ 30℃时，雌鳖在22时至翌日4时，上岸寻找土质松软、安静隐蔽、有一定湿度的沙质地产卵。如遇天气和环境突变，会停止产卵。鳖卵以自然孵化为宜。

（二）场地建设

1. 场地选择　在稻田中养殖鳖，选择的田块应当是靠近水源、水质清新、无污染源、排灌方便、田埂厚实、地势平坦、保水性好、避风向阳、环境安静、交通便利、电力配套。在贵州地区，田块面积宜在1亩以上，土质黏性，泥层深度为15 ～ 20厘米（图3-27）。

图3-27　养殖场地

2. 稻田工程建设　沿田埂四周内侧，距田埂50 ~ 80厘米处开挖环形沟，沟宽为1.5 ~ 2.0米，深为80厘米左右。2 000平方米以上的稻田要加挖“十”字形或“井”字形田间沟，沟宽50厘米、深30厘米，沟沟相通，田沟面积一般占稻田总面积的10% ~ 15%。

在开挖环形沟时，应在西侧或东侧田埂内建一个南北向沙滩“运动场”，供鳖上岸活动和晒背，另外，需在水陆交界的沟坡上搭建长方形食台，食台长度为2.0米、宽度为60厘米，高出水面部分高为40厘米，由高向水面倾斜，倾斜的一侧延伸至水面以下20厘米，一般每亩稻田搭建3 ~ 4个。

3. 防逃设施建设　鳖有用四肢掘穴和攀登的习性，具有较强的逃逸能力。因此，防逃设施建设是稻田养殖鳖的重要技术环节。

在田埂四周内侧，用钙塑板建防逃墙，进排水口用50目双层钢丝网封牢，以防鳖逃逸。钙塑板高80厘米，埋入土中20厘米并将其周围的土压紧夯实，土上部分高为60厘米，在钙塑板外侧每隔1.0 ~ 1.5米用一根木棍或竹竿作固定桩，在钙塑板打上孔眼，用细铁丝固定在固定桩上，稍向池内倾斜，四角做成圆弧形。这种防逃墙防逃性能好，能抗住较大的风灾袭击，且投资少，建造方法简单。

（三）养殖技术

1. 品种选择及规格　选择体肥、体形宽大、裙边厚实、平直、体表光洁无伤残、活动力强的种苗，种苗应来源于国家原（良）种场，并经检疫合格。根据养殖周期选择苗种规格，养殖周期为一年，应选体重350 ～ 450克/只的规格鳖种，密度以200 ～ 400只/亩；养两年的，可选体重150 ～ 300 克/只的规格鳖种，密度以400 ～ 800 只/克。同一稻田放养鳖种要尽量规格一致，有条件的建议雌雄鳖分开单养。

2. 苗种的投放　在秧苗成活后，选择在晴天的上午进行鳖种投放。在投放鳖种时，先用浓度为15 ～ 20 毫克/升的高锰酸钾溶液将鳖种浸泡15 ～ 20分钟，或浓度为3%的食盐水浸泡10分钟，如果稻田条件较好，每亩还可套养小龙虾种苗5 000尾。也可放养少量250克左右规格鲢鱼种苗，以净化水质。

3. 水稻的种植　选择栽插的水稻，应当是茎秆坚实、较强抗病能力、较强耐肥力、质优产量高、不容易倒伏的水稻，同时该水稻的成熟期应当与捕捉鳖的时期基本一致。在夏至之前进行秧苗的栽插。根据当地积温适时安排水稻育秧和插秧。采取大垄双行技术移栽，即每2行为1组，株距18厘米，组内行间距为20厘米，组间距为40厘米。

4. 饵料补充　为了保证鳖的生长、成活率和商品质量，以稻田中的螺蛳、小杂鱼虾、昆虫等天然活饵料为主，辅以蛋白质含量为30%以内的鳖专用全价饲料；也可将鲜鱼，螺、蚌、蚬肉，畜禽内脏（如猪肝、猪胰），瓜果、蔬菜等打浆与全价饲料混合投喂，做到精料和粗料搭配。值得注意的是，水温在18 ～ 20℃时，两天投喂1次；水温在20 ～ 25℃时，每天投喂1

次；水温在25℃以上时，每天投喂2次。

（四）养殖管理

1.稻田管理 稻田的田间管理应与鳖养殖过程中的日常管理相结合，稻田中的杂草应以人工清除为主，不用除草剂；水稻病害防治用药应选择高效低毒的农药，用药时采取喷雾式，最好在清晨露水未干时，向稻苗茎叶上喷洒，避免农药大量落入稻田水中。用药后应及时向田中加注新鲜水，改善水质条件，确保鳖安全生长。一般情况不要用药。

2.水质管理 稻田养殖的水质一般不会有太大变化，在日常巡查过程中，要随时监测pH、溶解氧、氨氮、亚硝酸盐等水质指标，水体要控制在微碱性。鳖是用肺呼吸，6月温度过高时，应注意适时加注新水，保证鳖活动区域是微流水状态。另外，注意稻田进水颜色的改变、进水沟渠中是否有异常等现象，如果有，要及时关闭进水阀，检查鳖的活动状态，有问题及时处理。每半月要泼洒生石灰水（75～100千克/亩），改善水体环境，促进鳖的健康生长。使用生石灰不仅能杀毒灭菌和调节pH，还能增加水体中钙离子的含量，以满足鳖生长对钙质的需求。

3.水稻种植管理 插秧后，保持水深3～5厘米；返青期间，要除掉田间的杂草（沟中的不除），水深保持在3～5厘米；到拔节期间，水深应该保持在4～8厘米；拔节至成熟期间，应该保持8～12厘米的水深。

4.日常管理 鳖的日常巡视管理分为5个环节，即水质调节、水位调节、投饵饲养、防病防天敌和捕捞，总体上要求注意防逃、防害、防盗、防中毒。每天早、中、晚各巡视一次，检查要做到五看：一看鳖活动状态，了解鳖每天摄食、活动情况，据此制订当天的饲料投喂量；二看水质变化，如水质有异样发生，就要尽快进行水质的调控和处理；三看是否有敌害生物，发现池中有水蛇、水老鼠等，应立即采取诱、吓、捕等措施驱赶或捕杀，同时铲除田边及埂外的杂草，不让敌害生物有隐藏之地，防止其入田；四看是否存在同类残食现象及有无死鳖，发现同类残食现象等应加喂适口性饲料，发现死鳖则应捞出查看，并根据病情适时用药；五看防逃设施，发现防逃设施破损应及时修补，特别是气候闷热、水质变坏、暴冷暴热、雷雨大风天气时，更应加强巡视检查，注意进排水口有无异常情况，田埂有无漏水、鼠洞等，发现问题及时处理。管理中特别要做好记录，以便于总结经验教训和保持产品的可追溯性。

5. 暂养管理　收获的商品鳖如果未及时销售，可用1 ～ 2米^{3}的暂养箱暂养，每箱内放3 ～ 5只为宜，且暂养水深不能高过鳖背面，在暂养箱中可放1 ～ 2块石头，用于躲避惊吓。

6. 越冬管理

（1）稚幼鳖越冬管理。常温条件下稚幼鳖的越冬管理是鳖越冬管理的重点，对6 ～ 7月孵化的鳖，体重长到40 ～ 50克的，越冬放养密度应控制在1 000 ～ 1 200只/亩，池水深度保持在1.0 ～ 1.3米，在天气晴好、气温高时，投放一些饲料，补充鳖体能消耗的能量，使苗种不致减重。投料可采取水下投喂（离水面5 ～ 10厘米），注意调节水质，定期消毒，杀虫，尽量减少病虫侵袭，使苗种安全越冬。对9 ～ 10月孵化的鳖，体重长到20 ～ 30克的，注意做好保温防冻工作，最好移入室内池中或采用露天池加盖塑料薄膜等适当措施，提高鳖越冬的成活率。

（2）成品鳖越冬管理。对于达到商品规格的鳖可陆续上市销售，未达商品规格或未出售的商品鳖，可转入越冬池，放养密度可以为饲养期的1 ～ 2倍，此时的鳖由于其对周边环境的适应能力较强，可以在露天池中自然越冬，在冬眠期间不需要投喂饲料，但在整个越冬期间水位一定要保持稳定，水位下降时要及时补充，并保持池塘周围环境安静，避免鳖受惊吓增加能量消耗。

7. 捕捞 通常在水稻收割前后，根据市场情况，捕捞单只体重达到500克左右的鳖上市销售，起捕的方法可采用笼捕。当市场行情较好时，可抽干沟水，大批捕捉上市销售。

（五）病害防控

稻田生态养鳖，一般不易生病，但在水质恶化、水质过肥、饲养管理不当等情况下也容易发生疾病。促使疾病暴发的病原很多，但细菌和真菌引起的传染性疾病是目前危害鳖的主要疾病类型。

1. 疾病预防 坚持“以防为主、防治结合、无病先防、有病早治”的方针，预防的重点应放在切断病原传播途径，改善养殖环境，提高鳖的自身免疫力。鳖一旦发病，应减少饲料投喂，及时换水，改善水质。稻田养鳖一般注意以下几点：①对饲养环境消毒，养殖前用 75 ～ 100千克/亩的生石灰溶液全田泼洒，然后再注入新水；②在放养鳖种时，用3%的盐水进行浸泡消毒10分钟；③养殖过程中要避免鳖受伤或养殖环境的急剧变化；④饲养阶段可在饲料中添加鳖专用中药饲料添加剂内服，连用3天。

2. 常见疾病与防治

（1）腐皮病。该病为鳖相互搏斗咬伤或机械损伤后，由细菌感染所致。鳖的腐皮病是一种传染性极强、死亡率极高的疾病。其病症表现为：体表糜烂和溃烂，病灶部位分布在四肢、颈部、背甲、裙边和尾部，发病时体表皮肤先发炎肿胀，然后逐渐坏死，变成白色或黄色，最后患处形成溃疡。防治方法：及时隔离发病，并用10毫克/升的抗生素药物浸洗病鳖48小时。

（2）白斑病。白斑病又名毛霉病，是一种真菌性疾病。危害稚鳖，死亡率极高。这种霉菌寄生于鳖的皮肤上（鳖甲、四肢、颈部以及尾部等身体各部位的皮肤）。患病后，鳖甲上均产生白斑状的病变，表皮坏死、变白，逐渐脱落。病鳖食欲减少，骚动不安，爱在晒台上停留。该病一年四季均可出现，以5～7月最为流行，在水质清澈、透明度较高的水中养殖更容易发生此病。防治方法：使用“鳖白点消”进行治疗，也可用10毫克/升的漂白粉溶液或食盐水浸洗。

（3）水霉病。该病是一种真菌性疾病，专寄生在伤口和尸体上，在较低水温时（10～15℃）大量生长繁殖。向体外生长的菌丝似灰白色“棉毛”。以冬末春初，气温在18℃左右的梅雨季节最为常见。防治方法：用石灰水或高锰酸钾（30毫克/升）将病鳖浸泡20分钟后，用清水清洗干净。

（4）寄生虫病。若发现有鳖拒食，反应迟钝，生长发育缓慢，可能就是寄生虫感染。防治方法：用20毫克/升高锰酸钾将病鳖浸泡30分钟后，用清水清洗干净。对体内寄生虫可参考鱼类寄生虫病的防治方法。

六、稻+鱼+鸭

（一）生物学特性

1.形态特征

（1）鲤鱼。见第三章“一、稻+鱼（一）生物学特性。

（2）鸭。鸭是雁形目、鸭科、鸭亚科水禽的统称，或称真鸭（图3-28）。鸭的体形相对较小，颈短，嘴大。腿位于身体后侧，鸭走起路来步态摇摇摆摆。鸭性情温驯，叫声和羽毛显示出性别差异。

图3-28　鸭

2. 生活习性

(1) 鲤鱼。见第三章“一、稻+鱼模式（一）生物学特性”。

(2) 鸭。

①喜水性。鸭为水禽，喜欢戏水、游水、潜水，且能在水中寻找食物，鸭的饮水量大。

②耐寒怕热。因为鸭的皮下脂肪较厚，羽绒保温性能良好，加上鸭的体表没有汗腺以协助散热等，所以鸭具有耐寒怕热的习性。在夏季，鸭食欲下降，采食量减少。在炎热的夏季，一定要做好遮阴防暑工作，如安装遮阳网等。

③合群性。鸭是最胆小的家禽之一，平时喜欢合群生活，极少数单独离群。上午一般以觅食为主，间以嬉水和休息；中午一般以嬉水、休息为主，稍事觅食，下午则以休息为主，间以嬉水和觅食。

3. 食性　鸭为杂食性，不论精、粗饲料或青饲料，还是昆虫、蚯蚓、鱼虾等，都是鸭所需的食物。

4. 生长　鸭的生长发育大致可分雏鸭期、中鸭期和成年鸭3个时期。雏鸭期，从出壳至30日龄；中鸭期，31 ~ 70日龄，以后便进入成年鸭期。

（二）场地建设

1. 场地选择　选择水源充足、水质良好、排灌方便、天旱不干、洪水不冲、土地肥沃平整、保水能力强的田块。

2. 稻田工程建设

（1）田埂改造。将田埂加高、加宽、加固。要求顶宽40厘米、底宽60厘米，田埂高出田面30 ～ 40厘米，边坡要夯实。

（2）田间工程建设。开挖简易鱼沟、鱼凼，搭建鱼窝。

①鱼沟。鱼沟根据田块大小及形状，“十”“大”“井”“田”等字形开挖鱼沟，沟宽30 ～ 70厘米、深50厘米。

②鱼凼。通常设在田块四周，一般直径150厘米、深50厘米，鱼沟与鱼凼相通，在鱼凼上搭建鱼窝（用遮阳网覆盖）（图3-29、图3-30）。

图3-29　田间工程建设

图3-30　鱼凼

（3）鸭舍搭建。在稻田边选择便于鸭苗饲养、栖息的位置，搭建板房，四周用篾栅围护，建成大小为1.3米×1.5米×1.3米的鸭舍，供稻田中的鸭昼夜栖息（图3-31）。鸭舍的数量可依据鸭的养殖数量而定，一般容量为10只/米^3。

图3-31　鸭舍

3. 防逃设施建设

（1）鲤鱼。在鱼种放养前需在进出水口设置较牢固的拦鱼栅，鱼栅形为“⌒”或“∧”等。鱼栅宽度应大于进、排水口40 ~ 60厘米，上端高出田埂30 ~ 40厘米，下端插入土中30厘米。

（2）鸭。在成片稻田最外围建设防逃设施，一般用尼龙网、石棉瓦等材料拼接而成。防逃网高80厘米（入土20厘米）（图3-32）。

图3-32　防逃设施

（三）养殖技术

1. 品种选择及规格

（1）鱼。

品种选择：要结合当地实际情况，选择适应性强、抗病力高、生长快、消费者普遍能接受的品种，如鲤、草鱼。同时，要选择无病、无伤、体质健壮的个体。

规格：0.05千克/尾左右。

（2）鸭。

品种选择：选择个体适中、商品性好、抗逆性强、适应性较广、活动量大、成活率高的品种，亦可选用本地麻鸭。

规格：4 ～ 5日龄。

来源：市场购买或自繁。

2.苗种的投放

（1）鱼苗的投放及密度。秧苗移栽后2 ～ 3天即可投放鱼种，投放数量为7.5 ～ 10千克/亩。入田前用5%的食盐水浸泡消毒3 ～ 5分钟。投放时，应将鱼苗投放在鱼凼内（图3-33）。

（2）鸭苗投放及密度。放养前，应对雏鸭进行驯水。驯水方法：将雏鸭投放到简易鸭棚之后，在鸭棚的四角圈出20 ～ 30米^{2}的初放区，利用人工喂养的方式喂养雏鸭2 ～ 3天。

对鸭驯水一般在晴天进行较好，第1次驯水最好在10时左右将雏鸭赶下水，30分钟左右将鸭子全部赶上岸，让其在阳光下梳理羽毛并休息。15时左右可进行第二次驯水，以后驯水时间可适当延长，直到鸭子能在水中活动自如、出水毛干。对一些体质较差、羽毛长时间不干的雏鸭，要及时烘干羽毛，可减少死亡率。待雏鸭具备较好的适应水中生活的能力后，在秧苗返青后开始放入稻田中，放养密度控制在15 ～ 20只/亩。在雏鸭投放初期，为了满足雏鸭对饲料的需求，在稻田中适当投放浮萍类水草，供雏鸭食用（图3-34）。

图3-33　鱼种放养

图3-34　鸭苗放养

3. 水稻的种植　参考第三章“一、稻+鱼（四）养殖技术”。

4. 饵料补充

（1）鲤。参考第三章“一、稻+鱼（四）养殖技术”。

（2）鸭。鸭苗驯化入田后，每天傍晚饲喂一次，以人工配合饲料或粗饲料为主，投喂量视鸭苗摄食情况而定。

（四）养殖管理

1. 稻田管理　参考第三章“一、稻+鱼（五）养殖管理”。

2. 水质管理　参考第三章“一、稻+鱼（五）养殖管理”。

3. 水稻种植管理　参考第三章“一、稻+鱼（五）养殖管理”。

4. 饲养管理　信号驯化：很多鸭子放入稻田里面以后，是难以管理和控制的，因此，要使用特殊的动作和信号来进行管理。这样，就要先用特殊的信号和动作对雏鸭进行训练，使雏鸭逐渐习惯这种信号和动作，并对其产生条件反射。这种训练要从鸭苗幼期开始，一定要用固定的口令或音乐训练，口令的选择要根据具体的情况进行选择，目的是让雏鸭形成条件反射。

鸭习性胆小，在管理过程中要保持环境安静，营造良好的生长环境。暴风雨季节，要及时将鸭召回鸭舍。

水稻开始抽穗扬花至收割前这段时间，将鸭召回鸭舍或围于田边鸭舍内。

5. 日常管理　参考第三章“一、稻+鱼（五）养殖管理”。

6. 暂养管理　在稻田禁鸭后，可选择附近稻田的河沟、小溪或池塘将鸭进行统一暂养。暂养后，鸭的密度增大，活动范围、天然饵料均有限，需要加大人工投饵量，保证鸭正常生长。同时要做好消毒防病工作，定期对食台等地进行消毒，防止疾病发生。做好暂养区的防盗工作，安排专人管护。

7. 越冬管理 未达到上市规格的鱼种，要对其进行越冬管理。秋季稻谷收割后，对用于鱼种越冬的稻田进行翻犁，开挖鱼凼，建设好鱼窝，提高水位。同时，越冬稻田要有专人负责，每天巡田，查看水位、水色及鱼类活动情况，定期注水，定期投饵。

8. 捕捞

（1）鲤。稻谷收割前15天，及时将达到上市规格的鲤捕捞上市；未达到上市规格的鲤，在稻谷收割后，可提高稻田水位继续养殖（有池塘配套的农户可将田鱼转入池塘继续养殖），这样不仅可以增加鱼的体重，而且可以延长鱼产品的上市时间，错峰上市，提高效益。捕鱼前应先疏通鱼沟，缓慢放水集中捕捞（图3-35）。

图3-35 鲤鱼捕捞

（2）鸭。在水稻抽穗扬花至收割前，召回的鸭或围于田边鸭舍内的鸭达到上市规格的要及早上市销售；未达到上市规格的，可将鸭集中暂养，待稻谷收割后放入田中继续饲养。

（五）病害防控

1. 水质监测 在养殖过程中，定期对养殖稻田进行水质监测，一般1次/月，保持良好的水质，营造稻、鱼、鸭良好的生长环境。

2. 鱼病检查 鱼生活在水中，鱼类疾病种类很多，出现的症状也各不同，治愈难度较大。因此，应坚持无病先防、有病早治、防重于治的原则。常见鱼病检查方法如下：

（1）田边观察。发病的鱼，常常伴有独游、浮在水面静止不动或缓游、狂游、圈游等现象；体色与正常鱼不同，体表呈灰黄色、白色，有的体色变黑等。在天气正常的情况下，发现鱼的食欲减退，就要引起注意。

（2）取样检查。发现病鱼或死鱼时，要先捞取2～3尾病鱼，最好是刚死或即将死亡的鱼进行检查，检查内容按顺序为体色、体表、鳍条、肌肉、鳃、内脏。

3. 疾病预防 稻+鸭+鱼饲养时，要坚持预防为主、防治结合的原则。鱼、鸭入田前，要对鸭舍、鱼沟、鱼凼进行充分消毒。鱼、鸭放养时，先对鸭、鱼进行消毒后，再放入田中。疾病发生时要及时对田水消毒，并投喂药饵进行治疗，提倡用中草药来进行防治疾病。

4. 常见疾病与防治

（1）鱼的常见病及防治。

①细菌性烂鳃病。危害对象为鲤，表现为患病鱼鳃丝腐烂，常附着污泥和黏液，严重的鳃盖骨内表皮常常腐蚀掉一块，从外向里看去如同一个透明小窗，称为天窗。病鱼常离群独游，行动缓慢，鱼体发黑，头部特别黑。一般4～10月为流行期，夏季最为严重（图3-36）。

防治方法：发病季节用漂白粉对鱼沟、鱼凼泼洒，或用漂白粉挂篓。

②竖鳞病。表现为病鱼离群独游，活动缓慢，反应迟钝，浮于水面。鱼体发黑，体表粗糙，鳞片竖立，鳞下有渗出液，用手按压，渗出液会从鳞下喷出；鳞片脱落，眼球突出，腹部膨大，腹腔内有积水。病鱼贫血，鳃、肝、脾、肾色变苍白，鳃部表皮充血。主要流行季节为冬末初春，一般当水质恶化或鱼体受伤时，经皮感染（图3-37）。

图3-36　鲤烂鳃病

图3-37　鲤竖鳞病

防治方法：鱼体表受伤是引起本病的主要原因之一，因此，在操作、运输、放养、捕捞时，应细心操作，勿使鱼体受伤。放养前，用3%小苏打溶液与2%食盐水混合，药浴鱼种4 ～ 10分钟；洒石灰水，在发病季节每月全田泼洒生石灰水溶液1 ～ 2次，以田水的pH维持在8左右为宜；加注新水，在发病初期注入新水，可使病情停止。

③细菌性肠炎病。该病是我国养殖鱼类中最严重的病害之一，表现为病鱼腹部膨大显红斑，肛门外突红肿，用手轻压腹部，有似脓血状物从肛门处溢出。剖开病鱼腹部，腹腔内充满积液，肠壁微血管充血明显，或有破裂，使肠壁呈现出红褐色。剖开肠道内无食物，仅含有许多黄色黏液。

防治方法：定期加注新水。保持溶解氧充足、水质肥爽清新。在发病季节每周在食场周围泼洒一些药剂消毒1 ～ 2次。

④指环虫病。该病主要是由于指环虫寄生于鲤的鳃丝上引起的。大量寄生时，病鱼表现为鳃黏液增多，鳃瓣因无血呈现出苍白色，鳃部明显浮肿，鳃盖张开，呼吸困难，病鱼游动缓慢。流行于6月下旬到7月上旬。以温度在20 ～ 25℃时发病严重。

防治方法：用生石灰彻底消毒，用一些针对指环虫的药剂进行全田泼洒。

（2）鸭常见病及防治。

①鸭（禽）流感。病初鸭群采食、饮水、粪便及精神状态等大都没有明显变化，也无死亡现象。中后期部分病鸭表现出体温升高、精神沉郁、羽毛蓬松、离群呆立、轻度咳嗽、打喷嚏、呼吸困难、排黄绿色或暗红色稀便。病程稍长的鸭出现神经症状，头颈向后仰、运动失调、抽搐、瘫痪等，严重者衰竭死亡。一般通过呼吸道、消化道传播，2 ～ 4周龄雏鸭易感。

防治方法：做好日常消毒工作，不投喂变质、过期的饵料。引进种蛋或种鸭要经过严格的检疫程序，禁止从有本病的疫区域养殖场引进种蛋或种鸭，防止禽流感病毒进入场内。

②鸭瘟。发病的鸭表现为食欲下降，饮水的次数增加，头部变大。体温升高到 43.0℃，呈稽留热。羽毛松乱无光泽，两脚无力，喜卧，不愿走动。严重者眼睑肿胀或翻出于眼眶。鼻腔亦有分泌物，呼吸困难，叫声嘶哑。部分病鸭头部肿大，故俗称“大头瘟”。病鸭下痢，稀粪呈绿色或灰白色，泄殖腔黏膜充血、出血、水肿，并可见其黏膜外翻。病后期体温下降，极度衰竭而死亡。

防治方法：在幼龄期注入一定的疫苗来预防这种疾病的传播，同时要保证鸭的清洁。

③巴氏杆菌病（禽霍乱）。最急性型常见鸭突然死亡。急性型的病鸭表现为采食量减少，精神沉郁，产蛋量开始下降。

病鸭行动迟缓，步态蹒跚，羽毛松乱。食欲废绝，体温升高达42.5 ～ 43.5℃。呼吸加快，气喘，摆头甩头。病鸭腹泻，排出灰白色、灰黄色或黄绿色的稀便，粪便中带血，有腥臭味。病鸭后期瘫痪，常在1 ～ 3天死亡。

防治方法：做好鸭舍等的消毒，保持鸭舍清洁。发病初期，可在每升水中加入50毫克阿莫西林消毒，连用3 ～ 5天。

第四章　冷水鱼养殖

一、鲟鱼流水养殖技术

鲟鱼，隶属于硬骨鱼纲、辐鳍亚纲、硬鳞总目、鲟形目。我国是世界上鲟鱼品种最多、分布最广、资源最为丰富的国家之一。目前，我国养殖的鲟鱼品种有达氏鲟、史氏鲟、杂交鲟、西伯利亚鲟、俄罗斯鲟、小体鲟、匙吻鲟等，市场上的商品鱼主要是西杂（西伯利亚母本与史氏鲟父本杂交所得）、史杂（史氏鲟母本与西伯利亚鲟父本杂交所得）、三杂（西伯利亚鲟母本与杂交鲟父本杂交所得），而杂交鲟是史氏鲟母本与达氏鲟父本杂交所得。

（一）生物学特性

1. 形态特征

（1）史氏鲟。身体延长成纺锤形，前端略粗，躯干部横切面呈五角形，向后渐细，腹部较平。吻突出呈锐三角形或矛头形，幼体在吻腹面，须基的前方有数目5 ～ 9粒不等的粒状突起，平均7粒左右，当地渔民据此称史氏鲟为“七粒浮子”。体被5行骨板（背中线一行，左右体侧各一行，左右腹侧各一行）。背骨板数11～19枚，侧骨板数30～47枚，腹骨板数5～11枚。头呈三角形，略为扁平，侧面观呈楔形。下位口，口裂小，呈花瓣状，口前有4 条触须，呈“一”字形排列并与口平行。背部体色棕灰色或黑褐色，偶鳍与臀鳍均呈浅灰色。

（2）中华鲟。体成长梭形，躯干部横切面呈五角形，向后渐细，腹部较平。头部呈三角形，略为扁平，侧面观呈楔形、口前有4 条触须，背部有硬骨块。幼体吻较尖，高龄个体吻端较钝圆。头部腹面及侧面有许多小孔，排列呈梅花状，称为陷器或罗伦器，为鱼类特有的一种感觉器官。体被5行骨板（背中线一行，左右体侧各一行，左右腹侧各一行）。背骨板数10～16枚，侧骨板数26～42枚，腹骨板数8～16枚。体色在侧骨板以上为青灰、灰褐色或灰黄色，侧骨板以下色由浅灰渐趋黄白，鳍显灰色。

（3）西伯利亚鲟。个体呈纺锤形，有吻须4根，头上具喷水孔，口裂小，不达头侧，下唇中央中断，鳃盖膜不相连。体具5行骨板（背中线一行，左右体侧各一行，左右腹侧各一行）。背骨板数10～20枚，侧骨板数42～47枚，腹骨板数7～16枚。在骨板与骨板间分布着许多小骨板的微小的颗粒。

（4）俄罗斯鲟。个体呈纺锤形，吻短而钝，略呈圆形。口下位，口小，横裂，较突出，下唇中央断开。4根触须位于吻端与口之间，更接近吻端。体被5行骨板（背中线一行，左右体侧各一行，左右腹侧各一行）。背骨板数8～18枚，侧骨板数24～50枚，腹骨板数6～13枚。在骨板之间体表分布许多分散的星状小板。体色背部灰黑色、浅绿色或墨绿色，体侧通常灰褐色，腹部灰色或间少量柠檬黄色。

2. 生活习性和分布

（1）史氏鲟。性温顺，喜在地质位沙砾的江段索饵，在水体底层游动，冬季集中在河流深水区越冬，越冬期亦好活动。史氏鲟成体很少进入浅水区，幼鱼在春季河流解冻后进入浅水区索饵。成鱼5月后开始产卵游动，进入产卵场，在底质沙砾处将卵产在沙砾上，卵具黏性。

史氏鲟为动物食性，在天然水域中以水生昆虫幼体、底栖动物及小型鱼类为食，也有捕食两栖类的情况。幼鱼的食物则以底栖生物及水生昆虫幼虫为主。

20世纪80年代之前，史氏鲟的自然分布地较广，从黑龙江上游至下游、乌苏里江、松花江下游均有分布，甚至嫩江也偶有发现，而以黑龙江中游数量居多。近期的调查则表明，除黑龙江中游还有少量外，其他水域已几乎见不到史氏鲟了。

（2）中华鲟。进入生殖洄游的中华鲟通常不摄食，故亲鲟绝大部分是空胃。幼鲟食物种类则随生活地区不同而异。在长江下游所采得的标本，其胃含物以虾、蟹为主，而黄丝藻和水生维管束植物则较少。河口地区的幼鲟主食滩涂上的底栖鱼类舌鳎属和鲬属鱼类的幼鱼及磷虾和蚬类等，在滩涂上育肥生长，直至体长长到30厘米左右、体重500克左右才洄游到近海区生活。中华鲟在海洋中生活时，食物以鱼类为主，甲壳类次之，较少猎食软体动物。

中华鲟是典型的江海洄游性鱼类，主要分布在东海和黄海的大陆架水域及长江干流，偶尔进入于湖泊相通的江河和支流，在闽江和钱塘江时有出现。

（3）西伯利亚鲟。在西伯利亚东至鄂毕河、西至科罗马河的所有大河中均有西伯利亚鲟分布。1956年人为将西伯利亚鲟由鄂毕河引入伯绍拉河，取得成功，此后西伯利亚鲟又被引入波罗的海水域、伏尔加河水系及拉多加湖等水体，并在这些水体中形成了自然种群。西伯利亚鲟是溯河性鱼类，主要栖息在西伯利亚的河流中。

西伯利亚鲟主要以底栖动物为食，其中摇蚊幼虫占多数，也摄食大量有机碎屑和沉渣，在其食物组成中鱼类占有一定比例。

（4）俄罗斯鲟。俄罗斯鲟主要分布在里海和黑海，以及流入这些海域的河流。分布于黑海西北部的俄罗斯鲟，主食底栖软体动物，也摄食虾、蟹等甲壳类及鱼类；在亚速海，成鱼主食软体动物、多毛纲及鱼类；在多瑙河，幼鱼以糠虾、摇蚊幼虫为食；在里海，其食物组成在不同时期略有差异。

（5）杂交鲟。杂交鲟是鲟鱼类中不同品种杂交的子代，对此，很多国家都做了大量的试验工作，目前已进入生产应用阶段。据陈光凤（中国水产科学院长江研究所）报道，俄罗斯鲟、西伯利亚鲟和湖鲟为四倍体，其他鲟多为二倍体，用四倍体鲟与二倍体鲟杂交可得到不育的三倍体。俄罗斯鲟与小体鲟杂交种生长快且不育，在24～25℃条件下18个月可增重1千克，杂交不利于鲟科鱼纯种的保持，但杂交鲟对环境适应性强、生长快，仍不失为重要的养殖鱼类，尤其是不育杂种的养殖既可扩大食用鲟的养殖、获得高产、满足国内外市场的需求，又可防止其繁殖技术和纯种种苗的扩散，因此，可以把杂交鲟作为近期养殖对象。可预见，在不久的将来杂交鲟会迅速成为市场新的养殖品种之一。

3. 生态习性

（1）水温。据报道，鲟形目鱼类起源于俄罗斯北部和东西伯利亚一带的北极浅海区。除中华鲟、达氏鲟和长江白鲟外，大多鲟鱼类为介于温水性和冷水性鱼类之间的亚冷水性鱼类，存活水温为1～33℃，但不同鱼类的适温范围略有差异。史氏鲟耐低温，4℃时开始摄食，最适水温22～26℃，水温高于30℃时，史氏鲟食欲减退。中华鲟苗种生长的适宜水温在18～25℃，低于12℃或高于29℃时摄食受到抑制，生长缓慢。

俄罗斯鲟生长的最适水温为20 ～ 22℃。

史氏鲟、西伯利亚鲟、杂交鲟在仔鱼期，对水温的适温要求为18 ～ 22℃，低于18℃或高于22℃对仔鱼期的成活率影响较大。过了稚鱼期，水温高于22℃有利于鲟鱼的生长。

（2）pH。鲟鱼类对水体的pH要求为7.0左右。史氏鲟在pH6.5 ～ 9.0的水域中均能生存，适宜pH为7.0 ～ 8.0，史氏鲟仔鱼在24小时内对pH的忍耐性上限和下限分别为9.25和3.60。中华鲟仔鱼在24小时内对pH的忍耐性上限和下限分别为9.5和3.2，忍耐性随着个体的增大而逐步增强。

（3）溶解氧。多数鲟鱼类对水体的溶解氧要求一般不应低于6毫克/升。史氏鲟属较典型的河道性鱼类，耗氧和窒息点均高于常规养殖鱼类，仅次于鲑鳟鱼类，当溶解氧低于4毫克/升时，其食欲减退，低于2.1毫克/升时，则出现昏迷、死亡。中华鲟的窒息点更高，为2.8毫克/升。在进行鲟鱼养殖时，应选择水源溶解氧高的水体，放养密度要合理，采取必要的水体增氧措施。

（4）氨氮。氨氮是非离子氨（NH_3—N）和离子氨（NH_4^+—N）的总和。氨氮的毒性主要是非离子氨，毒性随着碱性的增强而增强。鲟鱼类对非离子氨的敏感性高于一般养殖鱼类，非离子氨对史氏鲟早期仔鱼的96小时LC_{50}为0.63毫克/升，晚期仔鱼的96小时LC_{50}为0.17毫克/升。早期仔鱼对非离子氨的敏感性低于晚期仔鱼。

4. 生长特性

（1）史氏鲟。史氏鲟在黑龙江捕捞到的最大个体全长在240厘米以上，体重为102千克。据从黑龙江中捕获的鲟鱼资料统计，6 ～ 40龄的鲟鱼，体重2.5 ～ 75千克。人工养殖条件下的史氏鲟，生长速度远远高于天然水域中的史氏鲟，在周年水温在18 ～ 22℃的范围内，用人工配合饲料饲养史氏鲟，75

天体重可达50克，3个月体重可达100克，6个月体重可达500克，12个月平均体重可达1 500克以上，1龄以上生长速度明显加快。

（2）中华鲟。中华鲟生长速度快，是26种鲟鱼中自然生长速度最快的种类，是欧洲鳇生长速度的1.77倍，具有明显的生长优势。人工养殖条件下中华鲟生长优势更明显，养殖12个月龄可达4千克以上。

（3）西伯利亚鲟。西伯利亚鲟的生长速度因栖息水域不同而有差异，一般生长速度由西向东逐渐下降，移入欧洲水域的西伯利亚鲟比原栖息地生长的西伯利亚鲟要快一些。1964年，贝加尔湖的西伯利亚鲟移入波罗的海后，于第二年年底体长达到46 ～ 50厘米，体重415 ～ 500克；第三年体长达到69厘米，体重1 690克。1965年贝加尔湖的西伯利亚鲟移入拉多加湖，至第二年秋季，体重达到200 ～ 350克。栖息于贝加尔湖中的个体，1龄鱼体长22.7厘米，体重40克；2龄鱼体长30.7厘米，体重230克；3龄鱼体长50.4厘米，体重575克。

（4）俄罗斯鲟。俄罗斯鲟在亚速海生长最快，在里海和黑海生长稍慢。洄游性种群生长快于定栖性种群，雌鱼生长快于雄鱼。在亚速海俄罗斯鲟1龄鱼体长为29.4厘米，2龄鱼体长为46.2厘米、体重2千克，3龄鱼体长为55.6厘米、体重4千克，4龄鱼体长为61.3厘米、体重5.5千克。

5.摄食特点　鲟鱼既无颌齿，也无咽齿，靠口前的4根触须感觉和寻找食物，靠能够伸缩的小口吞吸食物。一些研究认为，鲟科鱼类在开始的混合营养阶段，其觅食行为主要依靠于味觉，而嗅觉在后期较大的幼体中显得非常重要。鲟鱼能感觉到食物的形状、软硬、颗粒大小和表面光洁度等细微的差别，习惯食用固定的食物品种，拒食不熟悉的食物。

（二）流水池选址与设计

1. 水源及地形要求 鲟鱼苗种培育的水源可以是井水、泉水、水库底层水、河水或其他符合养殖用水标准的水源。水的pH在7.0 ~ 8.5。水温在鱼苗阶段为16 ~ 22℃，适宜的温度能够保证鲟鱼有尽量长的生长期。有一定的供水量，保证养殖有一定的规模。水源溶解氧大于6毫克/升，以保证溶解氧充足。水质清澈，无任何污染，特别是没有工业污染。

修建流水养殖池的地点要靠近水源，水源和修建鱼池的地点要有一定的落差。

2. 流水养殖池的设计

（1）鱼苗池。

①鱼苗池的形状和规格。鱼苗池平面形状以圆形（图4-1）或近似圆形（图4-2）为好。直径以2米左右较为合理，这样，水流量易控制，投喂和清理均方便。鱼苗池的总深度60 ~ 80厘米，水的深度应能在20 ~ 50厘米范围任意调节。上供水，中央底孔排水，在没有过滤消毒等水处理设施的地方，应尽量采用每池单注、单排，以防交叉污染，以利于防病。池底边缘到底孔中央应有一定坡降，即中低边高，一般采用坡降5% ~ 7%的幅度。

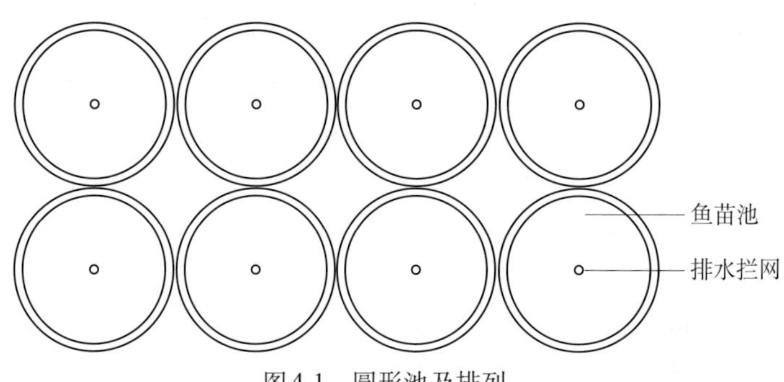

图4-1 圆形池及排列

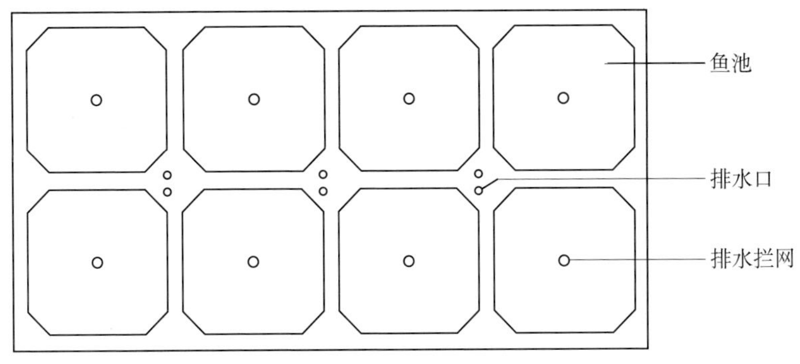

图4-2　八角形池及排列

②鱼苗池制作材料。鱼池制作材料选用原则是无毒、光洁度好、成形强度高。目前采用较多的主要有水泥、铝板、镀锌铁皮、玻璃钢和塑料。用镀锌铁皮池做的光洁度高，但强度较差，容易生透。用铝板做的池和塑料做的池光洁度高，但强度较差。用玻璃钢做的池虽然光洁度较塑料池差，但强度要大得多。前两者都有操作、移动方便的特点。水泥池具有稳定性好，强度大的特点，但同时也有光洁度差的不足。另外，水泥池位置较低，操作上也不方便。但由于水泥池造价低，目前大多数养殖场还是以其作为主要的育苗设施。

③鱼苗池的供水和排水。鱼苗池供水主要有喷头式注水（图4-3）、喷管式注水（图4-4）、单口式注水（图4-5）和底孔式注水（图4-6）等几种方式。喷头式注水、喷管式注水和底孔式注水在注水的过程中有增氧的作用，当水源溶解氧较低时最好采用此法。但是，这3种方式在气温较高的地区使用会带来不利的结果——会使水温上升，超过育苗要求的温度。单口式注水多用于水泥池，供水管路可以是设有阀门的金属或塑料管，也可以用供水渠和鱼池间的闸板来控制。鱼苗池的供水量为20 ～ 50升/分钟。鱼池中的水需保持微微转动，这一点通过调整供水角度很容易做到。转动的速度应视鱼体大小而定，通

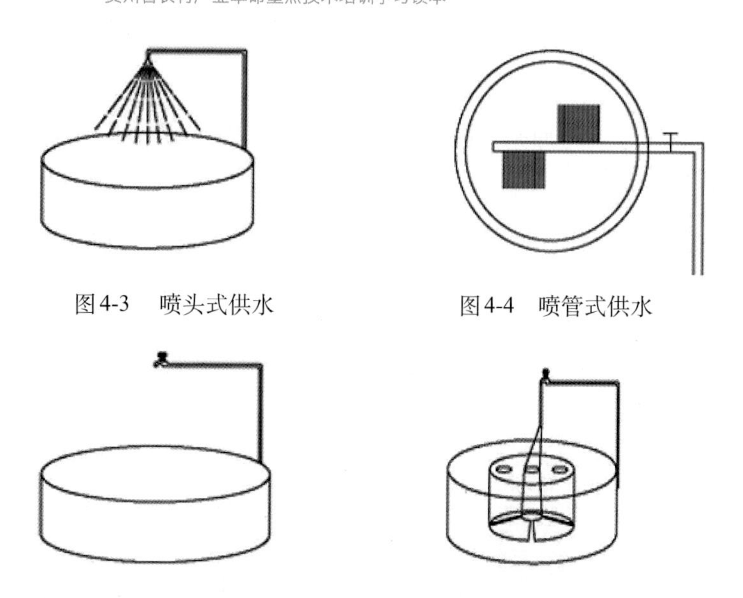

图4-3　喷头式供水　　图4-4　喷管式供水

图4-5　单口式供水　　图4-6　底孔式供水

常以2 ~ 3厘米/秒为宜。

刚出膜的鱼苗到1克重之前这个阶段鱼苗池水深为20 ~ 30厘米，3克以下为30 ~ 40厘米，3克以上就可以在40 ~ 80厘米水深条件下饲养。因此，水的深度须根据鱼生长情况随时调整。水深可通过水位调节管进行调整（图4–7）。水位调节管可采用软管如胶管、塑料管等，固定管口高度即可限定水位，也可采用硬管，通过改变管的长度来调整水位。

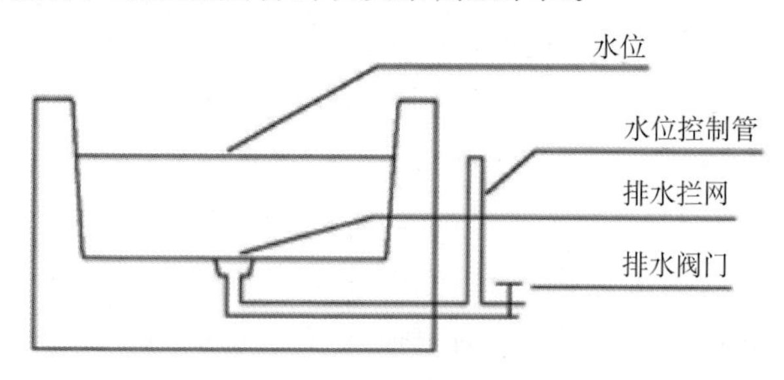

图4-7　水位控制示意图

④鱼苗池的附属设施。鱼苗池如建在室外，应设有遮阳棚。鱼苗不宜在强光下饲养。直径2米左右的鱼苗池，拦网的面积一般30厘米×30厘米，网目为20目。由于拦网的网眼很小，而鱼苗投喂量大，残饵、粪便易积在网上，很容易阻塞网眼。这时需设置溢水口，其目的是在不断进水、排水拦网阻塞的情况下，水也能从鱼池顶端以下流出而不至跑鱼。溢水口必须设置与排水拦网网目相同的拦网。

（2）鱼种池。鱼苗经过暂养、开食和驯化后，通常规格达到10厘米以上，重3～5克。此时可称为幼鱼或鱼种，可以移入鱼种池进行培育。鱼种池与鱼苗池除在规格上不同外，其工作原理大同小异。

①鱼种池的形状规格。鱼种池的形状以近似圆形或圆形为好，面积15～20米^2，水深为80～100厘米。

②鱼种池的材料。鱼种池的面积较大，采用浆砌石、砖砌和混凝土结构造价低，经久耐用。不论哪种，鱼池内壁均应有水泥压光工艺，保证光洁度。条件允许的地方，也可采用玻璃钢或其他材料制作。

③鱼种池的供水和排水。鱼种池的供水可以是管道阀门控制，也可以是渠道闸板控制，一般每池1个进水口即可。进水口与鱼池形成一定角度，使池水形成定向旋转，有利于清污。水位可固定在1米深左右。

排水口可采用图4-8、图4-9的形式。正常饲养时，不断进入水池的水通过水位控制管保持在水深1米左右，需排干或定时清污时，提起排水栓塞（图4-8）或提出套管（图4-9）即可。

④排水拦网、溢流口。排水拦网网目的确定须依鱼种规格的大小而定。鱼种重量在3～5克时，拦网网目规格应在3.5毫米。随鱼体的长大，应及时更换大些的网目，溢水口的网目应与拦网网目一致。

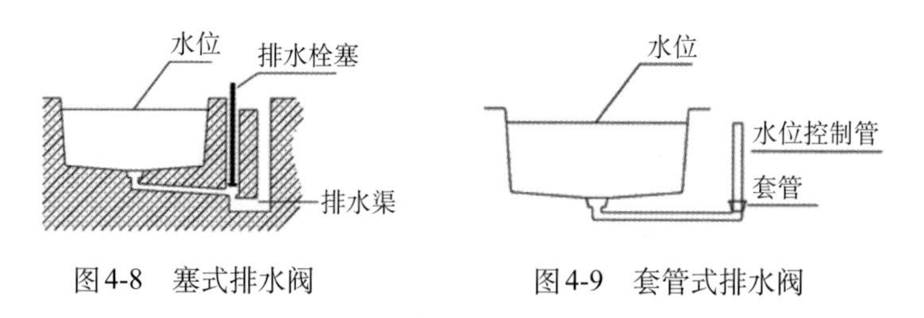

图4-8　塞式排水阀　　　　图4-9　套管式排水阀

3. 养殖尾水处理　主要采用物理方法和生物处理方法。

（1）物理方法。通过设施装置进行沉淀、筛网过滤等方法，除去肉眼可见的颗粒物。

（2）生物处理方法。通过物理方法处理后的水进入生态池塘。在生态池塘中通过放养滤食性的鱼类如花白鲢、匙吻鲟，贝类（螺蛳），种植水生植物如莲藕、水培蔬菜（空心菜、鱼腥草）等（既可以除去尾水中的氮磷营养物质和溶解性有机物，又可产生一定的经济价值），经过生态池塘处理过的尾水再向外排放或再次利用。

（三）养殖技术

1. 苗种培育

（1）仔鱼阶段（内源性营养阶段）。

①概念与目的。仔鱼阶段是指鱼苗孵出后到卵黄囊完全吸收、鱼苗开始摄取外界食物前这一段时期的培育管理。这一阶段，鱼苗的体质弱，游动能力差，在自然水域中敌害生物多，水域环境变化大，加上其他各种不利因素（持续低温、水污染等）的影响，到开口时，鱼苗的成活率已很低。目的就是通过人工管理，创造鱼苗生长发育的最适环境，使鱼苗能够顺利地吸收卵黄囊，过渡到开口期。同时，在人工控制条件下，将敌害生物对鱼苗的危害降到最低限度，保证鱼苗的成活率有较大幅度的提高。

②鱼苗的行为习性。仔鱼阶段是鲟鱼体形和行为变化最大的时期。在此阶段内，仔鱼卵黄囊逐渐消耗，各器官不断发育，在行为上要依次经历浮游、底栖聚团、散开、下底觅食4个阶段。鲟鱼为江河底层鱼类，在其整个生命周期内，只有这一阶段有较强的趋光性，而此后至成鱼阶段则较喜弱光或无光的环境。

③鱼苗的生长特点。鱼苗在此阶段生长较快，体重的增长率要高于体长的增长率，从鱼苗孵出到开口摄食，一般需要7 ~ 10天的时间，鱼苗体长可由1.1厘米左右增长到2.3厘米左右，而体重则可由0.02克增加到0.08克左右。

④仔鱼阶段所需时间。此阶段时间的长短主要取决于水温的高低。仔鱼正常生长发育的适宜水温为18℃左右，至鱼苗开口时，需7 ~ 10天时间的培育。温度降低时，时间要相应延长。如果温度低于13℃，鱼苗的生长速度要明显减慢，成活率也大大降低；温度过高（超过22℃时），鱼苗的死亡率和畸形率都会增加。

⑤育苗池的水位与水量控制。刚孵出的鱼苗体质弱，游动能力较差。在集约化养殖条件下，可通过适当控制育苗池的水位及水的流速或转速，来减少鱼苗在行动上的能量消耗，同时也便于进行池面操作。仔鱼养殖池的水位控制在20 ~ 30厘米深即可。池内水体保持轻微转动或静止，这样对鱼苗的发育比较有利。仔鱼的耗氧率与窒息点都较高，在水中溶解氧低于3毫克/升时，仔鱼即有窒息死亡的危险。因此，育苗池的水供应一定要充足，应保证在20升/分钟左右，使池内溶解氧量保持在6毫克/升以上。

⑥鱼苗养殖密度。仔鱼的生长速度较快，要注意及时进行分池，调整密度。放养密度过大时，鱼苗的自由活动空间相对减小，水中鱼苗代谢产物浓度增高，不仅增加了对仔鱼自

身的抑制作用，而且影响仔鱼的新陈代谢和生长发育，同时也极易引起水体溶解氧量短缺，鱼苗窒息死亡。调整鱼苗的密度主要是以鱼苗的体重变化为依据，一般在仔鱼的养殖初期，放养密度控制在5 000 ～ 7 000尾/米^2，至开口时可调整到2 000 ～ 3 000尾/米^2。

⑦鱼苗的成活率。在条件适宜的情况下，仔鱼的成活率很高，环境条件不利时，成活率会大大下降。影响仔鱼成活率的因素很多，主要有培育池结构、水温、溶解氧量等。

A.育苗池结构。育苗池是鱼苗生长发育最直接的生态环境，仔鱼在底栖生活初期，腹部娇嫩，极易受伤或破裂而致死亡，在暂养期间，育苗池结构的合理与否及质地状况是影响鱼苗成活率的重要因素。因此，培育用池的选择很关键，应选用圆形或近圆形池，池壁、池底表面应平整、光滑，育苗池应供、排水方便，水交换均匀彻底，池面积较小，易于排污和管理操作，以利促进鱼苗的生存和生长。从试验结果看：玻璃钢或塑料池好于铝板或镀锌板池；铝板或镀锌板池好于瓷砖贴面池；瓷砖贴面池好于水泥池。

B.溶解氧量。鲟鱼世代生活在江中，江水长年奔流不息，含氧量较高，因此鲟鱼形成了需要高氧的生理特性。当水中溶解氧在3毫克/升左右时，鱼苗就处于缺氧或严重缺氧状态，成活率很低。而仔鱼期需要水中溶解氧量更高，这是因为仔鱼期处于卵黄囊吸收和鳃呼吸的过渡时期，要求水体中有充足的溶解氧量才能满足其正常发育的生理需求。经过7 ～ 10天的培育，仔鱼逐步吸收完卵黄囊，并将在其后肠形成的色素栓排出体外。当色素栓完全排出体外时，鱼苗即开口摄取外界食物。当鱼苗中有50%左右个体色素栓排出时，就应该开始进行投喂。

（2）稚鱼阶段。稚鱼阶段是鲟鱼生命周期内最为敏感的时期，此时鱼苗体质最为娇弱，外界环境的突变或恶化，食物不足或不适口，都会引起鱼苗的大批死亡。因此，科学合理地进行饲养管理，对稚鱼的成活率及品质有着至关重要的意义。

①鱼苗的生长特点。稚鱼阶段的鱼苗生长较慢，因为这个时期鱼苗刚开始摄食或摄食不久，也就是内源性营养转变到外源性营养的过渡阶段，鱼苗摄食能力不强、体质弱、抵抗力较差，而且极易感染鱼病，因此鱼苗生长比较慢。

②鱼苗的开口饲料。鲟鱼苗的开口饲料主要有生物饲料和人工配合饲料两大类。也有用以新鲜食物（如新鲜碎鱼肉）为主，添加部分辅料做成的混合饲料作为鲟鱼苗的开口饲料的。但这种饲料极易导致水质腐败，因此，集约化生产中一般不采用这种饲料。

生物饲料包括轮虫、卤虫、水蚤及水蚯蚓（红线虫）等。鲟鱼苗长至开口时，其个体要比家鱼苗开口时的规格大得多，轮虫对于鲟鱼苗来说个体太小，难以适口，因此，一般不用轮虫作开口饲料。某些轮虫如晶囊轮虫个体虽较一般轮虫稍大，但用作鲟鱼苗的开口饲料时，最多也只能维持1～2天，随后就不再适口。卤虫与水蚤对于刚开口的鲟鱼苗来说比较适口，营养也较全面，但投喂时必须达到一定的密度，鲟鱼苗才能充分摄食。当鱼苗得不到足够食物时，会引起相互残食；其次，开口之后的鲟鱼苗生长速度加快，经过4～5天的养育后，卤虫与水蚤也不再适口，必须改用其他的适口饲料，或用配合饲料强行驯化。水蚯蚓也是较好的鲟鱼开口饲料。但水蚯蚓对刚开口的鲟鱼苗来说，规格稍大些。在投喂前应先将水蚯蚓切碎成小段，用于净水清洗几次至无污液时再投喂。这样持续4～5天，待鱼苗规格稍大些后，则可用整条水蚯蚓投喂。

用活饵料培育的鱼苗长到1克左右时，即可用配合饲料进行驯化。鲟鱼苗的开口也可以直接使用配合饲料作为开口饲料，配合饲料营养全面，能弥补活饵料中营养的不足。但鲟鱼苗对配合饲料较难接受，直接投喂拒食的比例较高，必须经过一个适应期。因此，这种方法一般只在大规模生产或是活饵料供给不足的时候才采用。

③饲养管理。

A.温度与水量控制。稚鱼阶段鲟鱼苗的体质弱，对外界环境的变化敏感，要避免温度的骤然变化，培育水温应控制在18～21℃。此时鱼苗对水体中的溶解氧含量要求较高，水供应量要充分，育苗池内水交换量最好达到2～3次/小时，即水流量根据鱼苗的放养密度和水温在20～40升/分钟间变换（表4-1）。水位可较暂养期时的高些，保持在40～50厘米即可（表4-2）。开口期饲料投喂量大，残饵较多，可调整育苗池内的水体成有利于排污的微流动或微转动状态。

表4-1　育苗池的水流量调整参照

鱼体规格		水温（℃）	水流量（升/分钟）
重量（克/尾）	体长（厘米/尾）		
0.04～0.07	1.0～2.0	16～17	20
0.08～0.50	2.0～4.5	17～18	20
0.60～1.50	4.6～7.0	18～19	30
1.60～3.00	8.0～10.0	19～20	30

表4-2　育苗池水深变化调整参照

鱼体规格		水位（米）
重量（克/尾）	体长（厘米/尾）	
0.04～0.50	1.0～4.5	0.2
0.60～1.50	4.6～7.0	0.3
1.60～3.00	8.0～10.0	0.5

B.投喂管理。在鲟鱼集约化生产中，鱼苗开口目前主要经过以下3个过程完成：生物饲料投喂（活饵料投喂）、生物饲料和配合饲料的混合料投喂、配合饲料或颗粒饲料投喂。

a.生物饲料投喂（活饵投喂）。目前养殖的鲟鱼苗是由野生亲鱼经人工繁殖获得的子一代，未经过人工的世代驯化。对这些鱼苗来讲，颗粒饲料是其所不熟悉的食物。因而在鱼苗开口时对于人工配合饲料难以接受。开口时就使用配合饲料，往往有相当大的一部分鱼苗即使饿死也拒绝摄食。实际上，此时的鱼苗如不能及时得到食物补充，很快会死亡。在实际生产中，应采取先用活饵料喂养一段时间，使鱼苗具备了一定体力和抗饥饿能力后，再用配合饲料进行驯化的方式来培育。使用的活饵料有水蚯蚓、水蚤、卤虫等。可以通过收购或是自己培育来获得这些活饲料。

开口期鱼苗体质弱，摄食能力不强，虽然摄食量较低，但在投喂时，投喂活饵的量必须要充足。初期日投喂量为鱼体重的100%，随着鱼苗体质的增强和规格的增大，投喂量也要作相应的调整，开口后期可降低到40% ～ 50%。饵料投喂量过少，鱼苗得不到充足的食物，会因饥饿而相互残食。鱼苗一旦受伤，伤口处便会很快着生水霉而死。如果投喂水蚤或卤虫，则必须有足够的饲料投喂密度，以保证鱼苗容易摄食，并且摄食充分。也可以采取混合投喂活饵料的方式，如在鱼苗开口初期用适口的水蚤或卤虫投喂，4 ～ 5天后再改用水蚯蚓投喂。这样的投喂方式可以互补鱼苗因摄取单一活饵造成的营养成分不足，不仅使鱼苗生长速度加快，而且成活率及健壮鱼苗的比例也较高。

活饵的日投喂次数与鱼苗的规格、体质相关（表4-3）。鱼苗规格越小，体质越弱，投喂的次数越多。鱼苗开口初期1 ～ 2小时投喂1次，随鱼苗的增长，投喂次数可适当地逐步减少。而且鲟鱼是全昼夜摄食的，因此也必须规定夜间进行投喂。

表4-3　鱼苗投喂次数与时间

鱼体规格		投喂次数	投饵时间（以24小时制计）
重量（克/尾）	体长（厘米/尾）		
0.07～0.30	2.0～2.5	12	2，4，6，8，10，12，14，16，18，20，22，24
0.30～0.50	2.6～3.0	10	2，5，8，11，14，16，18，20，22，24
0.60～1.50	3.1～4.0	8	2，5，8，13，16，18，22，24
1.60～3.00	4.1～7.0	6	3，6，13，16，20，24

b.生物饵料和配合饲料的混合料投喂。此种混合饲料是鲟鱼苗从摄食生物饵料转向摄食配合饲料的一种过渡饲料。在鲟鱼苗开口10～15天后，每天用鱼苗配合饲料和切碎的水蚯蚓捏成团状，前期配合饲料与水蚯蚓各占一半。投喂7～10天的时间，每天逐渐减少饲料团中水蚯蚓的比例，直至不用水蚯蚓，同时，直接投喂鱼苗配合饲料，从团块饲料过渡到微粒料、破碎料和颗粒料。投喂量以投喂后1小时吃完为准，投喂次数为6～8次/天。

c.配合饲料或颗粒饲料投喂。此种投喂方式操作比较简单，但鱼苗的开口成活率比较低，一般在较大规模的养殖生产或是活饵来源困难的时候可以采用。用配合饲料投喂鲟鱼开口鱼苗，饲料颗粒的大小应严格与鱼苗的大小相适应。改换饲料粒径应逐步进行，不适宜由一个粒径直接转到另一个粒径，这样鱼苗难以适应，会造成营养不足，影响生长和发育，同时也会造成饲料的浪费及败坏水质。饲料粒径及其混合比值，要根据鱼苗的体重来定（表4-4）。日投喂次数初期10～12次，后期可根据鱼苗的生长和摄食情况调整到5～6次/天。

表4-4　投喂饲料粒径及混合比值参照

鱼体规格		各种规格饲料的比例（%）				
重量（克/尾）	体长（厘米/尾）	0.2～0.4（毫米）	0.4～0.6（毫米）	0.6～1.0（毫米）	1.0～1.5（毫米）	1.5～2.0（毫米）
0.07～0.10	2.0～2.5	100				
0.11～0.20	2.6～3.0	50	50			
0.21～0.50	3.1～4.0		50	50		
0.60～1.00	4.1～4.5			50	50	
1.10～2.00	4.6～5.5				50	50
2.10以上	5.6以上					100

C.鱼池管理。

a.在稚鱼阶段，鱼苗的摄食能力较弱，在养殖过程中为了保证所有鱼苗能够摄食充分，往往过量地投喂饲料。这样一来，育苗池内的残饵料也较其他培育期鲟鱼池内的残饵料多。加上育苗池的拦网网目较小，残饵料不易通过，极易造成网眼堵塞，使水交换不能进行或是变小，池内水位上升，池水外溢，引起鱼苗逃逸。或是育苗池内严重缺氧，鱼苗因溶解氧量不足而窒息死亡。遇到这种情况，应及时将残饵料清除干净。

稚鱼阶段是鲟鱼苗敏感时期，鱼苗在此阶段的死亡率较高。外界环境的突变（如温度的骤然升降等）、水质的恶化（主要是对残饵料、死亡鱼苗清理不及时，残饵料、死亡鱼苗腐败所致），都可能引起鱼苗的死亡率升高。因此，应规定每天对育苗池进行清理，至少1 ～ 2次/天清池，保持育苗池内环境稳定良好，以利于鱼苗的生长发育。此阶段鱼苗比较娇嫩，清池时动作要轻而缓，尽量避免鱼体受伤。

b.用活饵投喂的鱼苗生长规格较整齐，而用配合饲料饲养的鱼苗规格则参差不齐，大小不一。应及时对鱼苗进行分池，筛选出体弱、不摄食或是摄食极少的鱼苗，先用活饵料强化饲养一段时间，待鱼苗体质有所恢复后再用活饵料和配合饲料的混合饲料投喂。对于摄食积极、体质健壮的鱼苗也应挑选出来另行培养。

c.积极防治鱼病。主要是及时清除残饵和死亡鱼苗，使育苗池内保持清洁干净，防止水质恶化。其次是定期对鱼体进行消毒处理，一般用2%～3%的食盐水洗浴3～4分钟即可（具体时间长短视鱼苗的状况而定），7天左右进行1次；在更换鱼池时，鱼苗入池前要对鱼池进行消毒处理，池内药物清除干净后再加注新水，放入鱼苗。

④放养密度。在其他条件相同的情况下，放养密度的大小对鱼苗的生长速度有一定的影响，密度大时，会加大对鱼苗自身的抑制作用，影响鱼苗的新陈代谢和鱼苗对饲料的消化利用率，同时也极易污染其生活环境，引起池内缺氧，造成死鱼事故。因此应根据鱼苗规格合理地调整放养密度（表4-5）。

表4-5　鱼苗规格、水温与放养密度的关系

鱼体规格		水温（℃）	放养密度	
重量（克/尾）	体长（厘米/尾）		万尾/米^2	万尾/米^3
0.04～0.07	1.0～2.0	16～17	0.50～0.70	2.50～3.50
0.08～0.50	2.5～3.0	17～18	0.30～0.50	1.50～2.50
0.60～1.50	3.1～4.0	18～19	0.15	0.80
1.60～3.00	4.1～7.0	19～20	0.10	0.25

在鲟鱼的生产过程中，稚鱼阶段的饲养管理至关重要，管理的好坏直接影响到鱼苗的成活率及鱼苗的出池品质，也关系到一个关键环节——鱼苗的转饲驯化。

（3）幼鱼阶段。在自然状态下的鲟鱼和其他大多数鱼类一样，主要以浮游动物和底栖动物为食，并不吃人工配制的颗粒饲料。要使鲟鱼转变其固有食性接受人工配合饲料，必须经过驯化。

①驯化的目的和意义。在人工养殖环境下，鲟鱼也可采用鲜、活饵料投喂的方式进行饲养。有关专家计算过，将100万尾仔鱼用活饵料饲养到1.5克/尾时，必须有近3吨的寡毛类和9吨的水蚤作为饲料成本很高，并且这种饲养方式受到区域的限制（因为很多地区很难获得如此大量的活饵料），对鲟鱼的规模化生产有较大的制约，甚至是不可能办到的。其次，仅仅投喂活饵料，营养较单一，容易使鲟鱼患上多种营养性疾病。

近年来的许多试验已证明，有些鲟鱼的仔鱼是可以用配合饲料进行饲养的，并且生长速度较快，接受颗粒饲料的鲟鱼幼鱼成活率也较高。在鲟鱼的规模化养殖生产中，用配合饲料进行饲养，不仅可以降低生产成本，进一步扩大生产规模，而且配合饲料营养成分比较全面，可以使鲟鱼避免因单一投喂活饵料而引发的多种营养性疾病。驯化的目的是通过人工调整投喂比例的方法，使鲟鱼由摄食活饵料的天然习性逐渐转变到接受配合饲料。当鲟鱼幼鱼可以完全不用活饵料投喂，而能正常摄食配合饲料时，驯化才算成功，驯化的目的才算达到。

②鱼池准备及管理。经过对稚鱼阶段的精心培育，鲟鱼苗的规格达到0.6 ～ 1.0克时，即可用配合饲料进行驯化。鲟鱼的驯化应在育苗池内进行，水温18 ～ 22℃，水位保持在40厘米左右即可（表4-2），水量供应要充分，一般应保持在30升/分钟（表4-1），此时鱼苗规格稍大，体质有所增强，育苗池内的水体视情况可保持一定的流动或转动，有利于排污。驯化开始时鱼苗的放养密度可调整到1500尾/米^{2}左右（表4-5），拦网网目改为16目，后期可以使用12目网。驯化期间投饵量较大，残

饵料多，应及时清池，最好每次投喂的残饵料都及时清除掉。在规模化生产中，这个工作很难做到，但每天至少也要坚持1～2次。

作好鱼病的防治工作，主要是清除残饵料和死鱼，其次是定期对鱼体进行消毒处理，如用1%～3%的食盐水洗浴鱼体，1周进行1次。每次3～4分钟（具体时间长短应视鱼苗的状况而定）。鱼苗转池前要对鱼池进行消毒，然后才能放苗。

③饲料准备。鲟鱼苗驯化时所用的饲料为鲟鱼的专用配合饲料，饲料粒径为0.2～0.3毫米。据多年来的驯化试验结果表明，直接使用这种硬颗粒饲料进行驯化，效果并不理想。而用这种颗粒饲料作为饲料的基础原料，混合添加一些其他的物质，再制成软颗粒饲料进行驯化投喂，效果则比较理想。通常在基础饲料中加入一定比例的鳗鱼饲料、豆油、鲜猪肝，或某些诱食物质如水蚤干粉、水蚯蚓和甜菜碱等，其中添加鳗鱼饲料主要是起黏合作用，对于诱食也有一定效果。豆油的添加量约5%，它可以提高饲料中的脂肪含量，增加鱼苗对脂溶性维生素的吸收、利用；鲜猪肝内含有丰富的活性酶物质，有利于鱼苗对饲料中各种营养成分的消化利用，添加量一般为20%～30%。将这些添加物混匀后制成较大规格的软颗粒，再经16目筛网搓制成微颗粒，晾至半干后即可用于投喂。另一种方法是将硬颗粒饲料破碎后和切碎的水蚯蚓捏成团状，再经16目筛网搓制成微颗粒，晾至半干后即可用于投喂。用这些方法制成的软颗粒料，鱼苗较易接受，其驯化效果明显提高。

④驯化的几种方法。鲟鱼喜食活饵，且摄食习惯较难改变，对于不熟悉的饲料拒不接受。驯化饲养方法如果不恰当，可导致大多数鱼苗饥饿死亡，因此，驯化方法对于驯化成功率有至关重要的影响。鲟鱼的驯化方法很多，目前常用的有以下几种（图4-10）。

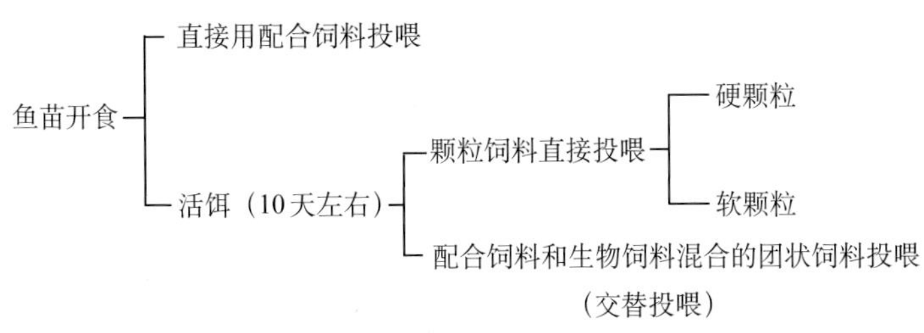

图4-10 鲟鱼苗驯化的流程

A.配合饲料直接投喂。鲟鱼开口时，即可直接用配合饲料进行投喂驯化。在驯化过程中，饲料投喂一般要适当增加投喂量，以最大限度地使鱼苗接触饲料，熟悉饲料，并使鱼苗摄食充分。但每天必须进行清池，保证育苗池内水质清新，鱼苗生存环境良好。这种驯化方法所需时间短，15天左右即可结束。缺点是驯化成活率较低，成活率为35% ~ 40%。

鱼苗出池后，规格参差不齐。有相当一部分鱼苗在整个驯化期间基本停止生长，仅摄取极少的饲料以维持其生命活动的基本需要，体质很弱。而饲料适应能力强的鱼苗则表现出摄食积极，生长速度很快。在实际生产中，用这种方法驯化鲟鱼苗时，应及时挑选拒不摄食颗粒饲料、体质弱的鱼苗，先用活饵料投喂，进行扶壮，再进行驯化，尽量减少鱼苗的损失。

B.配合饲料和生物饲料混合的团状饲料投喂（交替投喂）。交替投喂是指驯化时，前期用活饵料和混合饲料交替投喂，后期用混合饲料和颗粒饲料交替。在每天的投喂中，逐渐增加混合饲料的投喂次数，开始时为1 ~ 2次/天，5天左右增加到4 ~ 5次/天，最后根据鱼的摄食情况，完全使用混合饲料，20天左右再用混合饲料和颗粒饲料交替。

开始驯化鱼苗时，活饵料的投喂次数已可调整到5 ~ 6次/天。为了使鱼苗尽快对人工饲料有所熟悉，可以在驯化正式开始前2 ~ 3天投喂活饵的同时附加投喂混合饲料。饲料投喂时要在整个育苗池多设几个点投放，量不用很多。正式驯化时，在每天的投喂中增加1次混合饲料的投喂，活饵料的投喂次数相应地要减少1次。混合饲料投喂与相邻次数活饵料的投喂时间间隔要适当延长一点。投喂混合饲料时应选择在鱼苗摄食最旺盛的时候进行，一般是在早5 ~ 6时和晚19时左右。这样交替喂几天后，再增加混合饲料的投喂次数而减少活饵的投喂次数，逐步过渡为1次/天活饵料，1次/3天活饵料，到完全不用活饵料投喂。用活饵料和混合饲料交替投喂20天左右，开始用配合饲料和生物饲料混合的团状饲料和颗粒饲料交替投喂，逐步过渡到完全投喂颗粒饲料。用此方法驯化鱼苗，所需时间约40天，驯化成活率可以达到80%以上，在鲟鱼的规模化生产中，一般采用这种驯化方法，效果比较稳定。

2. 成鱼养殖 鲟鱼苗育成一定规格的幼鱼后（一般在每尾10克以上），其生存能力增强，对外界不良环境的抵抗能力也相应提高，即可转入商品鱼生产。养殖方式有多种形式，目前在贵州省采用的主要有网箱养殖和流水池集约化养殖两种方式。

流水池养殖是目前本省采用最多的一种养殖鲟鱼的方式，占地面积小、产量高、管理方便，其主要特点是在固定形状、规格的鱼池内，提供稳定的水流量，保证在一定水交换量的条件下进行养殖生产。

（1）水源条件。凡属符合鲟鱼饲养水质标准的江河水、水库水、泉水、井水等均可作为流水池商品鲟鱼的养殖用水。

养殖用水的水量必须得到保证，设计生产鱼池或做养殖生产计划时，都应根据供水量的大小来安排。

水量较小的水源如井水，在需重复使用时，必须经过处理，如沉淀、过滤、除氨、消毒和人工增氧等程序。

在商品鱼养殖过程中，提供稳定的水温条件，能有效地缩短养殖周期，加快资金周转速度，为生产者带来好的经济效益。因此，在选择水源时，要重点考虑，搞清水温变化规律，应尽可能选择养鲟适宜水温时间长或恒定适温的水源。

选择水源和建池时，提供水源所消耗的能源也应在重点考虑之列。长期流水，供水量大，消耗能源多，无疑要增加生产成本。从这一点上讲，设计合理落差，能够自然流入鱼池的水源较需要用动力提灌的水源好。

（2）鱼池要求。

A.面积。15 ～ 50米^2，一般不宜大于50米^2。

B.形状。圆形、八角形、正方形、长方形、多边形均可，以圆形或近似圆形为好。

C.结构。商品鱼养殖池面积较大，用料多，要求强度和稳定性好，制做材料应因地制宜，主体可以用水泥、山石、河流石、砖等，池子内壁用水泥抹平压光。有条件的地方也可用塑料或玻璃钢制作。

D.深度。养个体重3 ～ 30克鱼种时，水深0.7 ～ 0.8米，个体重30克以上，水深1米。

E.供水。圆形鱼池供水位置可以选择顶供水或池中部侧供水（图4-11）。不论选择哪种供水方式，供水管口都应与圆形中心线形成一定角度，以便供水的冲力可使池水定向转动。正方形鱼池的供水口应开在其中一条边的一侧（图4-12），八角形或多边形也是同样开口（图4-13），这样做的目的是将鱼的残饵料和粪便等污物通过水流旋转形成的向心力，不断汇集

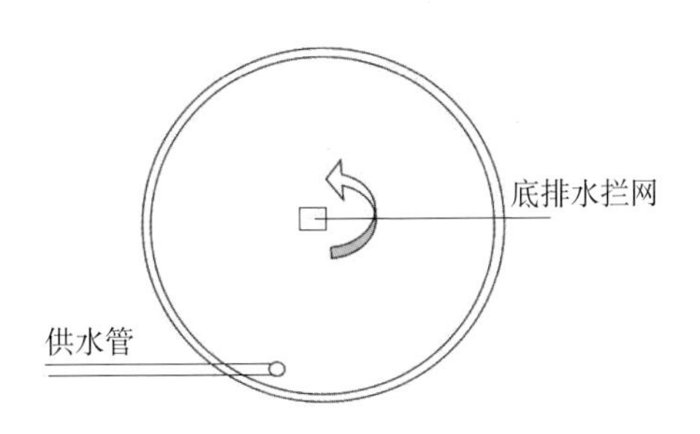

图4-11　圆形或近似圆形鱼池供水示意图

至中央，排出鱼池。长方形鱼池供水口、排水口应分别开在池两头，排水口一定要设在池的底部。

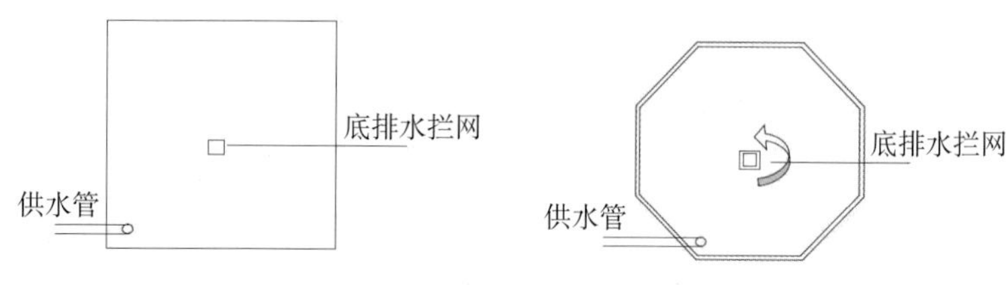

图4-12　方形鱼池供水示意图　　图4-13　八角形鱼池水示意图

F.排水和水位控制。圆形或近似圆形鱼池的排水以中央底排为好，从池边到中央的池底做出一定坡度（通常5%），长方形鱼池的坡降为10% ～ 15%。不论哪种鱼池，必须能够彻底排干。水位控制和排污方式用塞式排水阀门（图4-8）或套管式排水阀门（图4-9）均可。

（3）水交换量控制。较小的鱼池，养殖大规格鱼种或商品鱼的前阶段水交换量为1 ～ 3次/小时。

面积50米^{2}左右的鱼池、视水温、放养密度等情况，池水的交换量可以控制在1 ～ 4次/小时。

（4）放养密度。鱼池的放养密度可参照表4-6。但如果水的交换量达不到上述的要求，则放养密度应根据实际情况向下调整。

表4-6　流水鱼池放养密度参照

鱼体规格（克/尾）	水温（℃）	放养密度（尾/米^2）
3.1～5.0	22～24	5 000～8 000
5.1～30.0	24～26	2 000～2 500
30以上	24～26	1 000～1 500
2龄鱼		50～100
3龄鱼		25～50

（5）饲料投喂。流水池集约化养殖饲料的投喂，可以直接将颗粒饲料投入池内，适宜温度下的日投喂次数和大致投喂时间可参照流水网箱养鱼方法。

转入商品鱼池的鱼，应是完全接受配合饲料的鱼种。因此，转入后可直接投喂颗粒饲料。如果是没有完全驯化好的鱼种，应在入池后的一段时间内，仍用混合饲料继续完成驯化。

流水池养鲟鱼时，鲟鱼的营养几乎完全来源人工投喂的饲料，因此，投喂率较池塘要高些（表4-7、表4-8）。

表4-7　适宜温度下流水池鲟鱼养殖投喂标准参照

鱼体规格（克/尾）	投喂率（占体重的百分比）	鱼种规格（克/尾）	投喂率（%）
3～10	40	70～120	5～6
10～30	35	2龄鱼	3～4
30～50	30	3龄鱼	2～3
50～70	25		

表4-8　水温降低时商品鱼生产投喂率参照

水温（℃）	1冬龄鱼	2龄鱼	3龄鱼
12～18	7.0～10.0	3.0～5.0	2.0～3.0
8～10	5.0～6.0	2.0～3.0	2.0～2.5
4～6	2.0～3.0	1.5～2.0	1.5

（6）日常管理。根据鲟鱼的生长和水温变化情况调整分配各鱼池的供水量，保证每池都有良好的供水。

经常检查进、排水口有无堵塞，及时清除堵塞物保证水流畅通均衡。及时捞出病鱼和死鱼。

注意每次投饲料后鱼的吃食情况，据此调整投喂量，如鱼的吃食量明显减少，应查明原因，是疾病引起的应对症治疗。

（四）病害防治

鲟鱼体被5列骨板状硬鳞，有的在硬鳞上具有锐棘，骨板之间体表分布许多分散的星状小板，体表有角质胶皮，不易受伤，对寄生虫及有害微生物有较强的抵抗力，在自然环境中较少发病。

1.致病原因

（1）环境因素。

①水温。鱼是冷血动物，体温随着外界水温的变化而变化，如果外界水温的急剧变化，鱼体难以适应，可能导致各种疾病的发生。鱼类在不同的发育阶段，对水温的要求也不一样，如鲟鱼苗种入池时，水温相差不应超过5℃，而成鱼入池时，水温相差范围可稍大。

②水质。

A. 水中溶解氧含量的高低对鲟鱼的生长和生存有直接的影响，在溶解氧量较低时，鱼类对饲料利用率较低，体质较弱，溶解氧小于3毫克/升时，就会出现缺氧现象，鲟鱼缺氧时也有浮头现象，但不像四大家鱼那样明显，必须仔细观察才能发现。鲟鱼养殖一般要求溶解氧不低于5毫克/升。

B. 鲟鱼对水的酸碱度要求较高，以pH7.0～8.5为适宜，过低或过高都对鱼有不利的影响，严重时会造成死亡。

C．水体中的有毒物质也会引起鲟鱼生病。如池中腐殖质过多，微生物分解旺盛时，一方面需要吸收水中大量氧气，同时还会放出硫化物、沼气、碳酸气等有害气体，这些有害物质集聚一定量后，水质便会变差，对鲟鱼产生毒害作用。水中的重金属盐类含量较高，对鲟鱼苗也会产生毒害作用，易引起弯体病。

（2）人为因素。

①饲料投喂不当。鲟鱼的生物饲料或人工配合饲料，都应

该妥善保管处理，并适时投喂。生物饲料需要经过处理后方能投喂，如水蚯蚓多是在有污染的河沟内打捞，投喂前须暂养一段时间，用清水冲洗，投喂时用食盐浸泡进行消毒。人工饲料必须妥善保管，发霉变质的饲料必须处理掉，否则极易引起肠炎，造成不必要的损失。

②放养密度不适宜。鱼种放养密度过大，可能造成鲟鱼缺氧和摄食不均，饲料利用率低，鱼类生长速度不一致，大小不均，瘦小的鲟鱼就会生病而死亡。

③机械性损伤。拉网捕鱼和运输时操作不当，很容易擦伤鱼体，引起组织发炎，细胞变性坏死，造成细菌和水霉感染。

（3）生物因素。

①寄生虫。体表寄生虫引起车轮虫病、小瓜虫病、斜管虫病，体内寄生虫能够引起血锥虫病等。

②真菌。由真菌引起的鱼卵和稚鱼的卵霉病、水霉病等。

③细菌。引起的鱼病有烂鳃病、烂尾病、肠炎病等。

④病毒。疑为病毒引起的鲟鱼病，如鲟鱼出血性败血病。

⑤敌害。水生昆虫、蛙类、鸟类等。

2. 常见鱼病的防治

（1）小瓜虫病。

①病因及症状。病原体为寄生在鲟鱼上的是多子小瓜虫（图4-14），生活周期中有幼虫期和成虫期。幼虫长卵形，前端有一近似耳形胞口，后端有一根尾毛，全身有长短一致的纤毛，大核近圆形，小核球形。

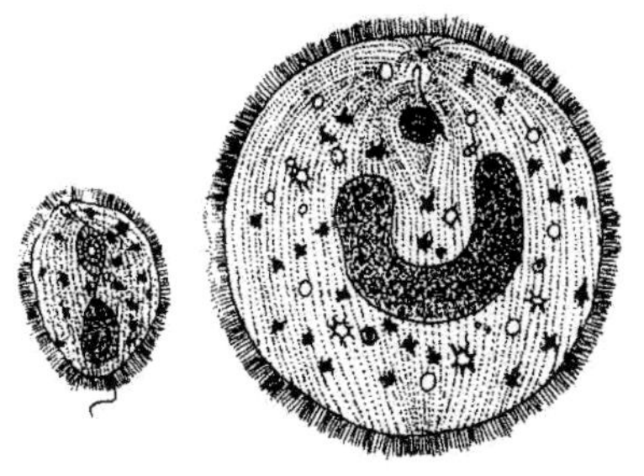

图4-14　多子小瓜虫

成虫期虫体球形尾毛消失，全身纤毛均匀，胞口变为圆形，大核香肠状或马蹄形。

病鱼的皮肤、鳍条或鳃瓣上，肉眼可见布满白色的小点状囊胞。病情严重时，躯干、头、鳍、鳃、口腔等处都布满小白点，同时伴有大量黏液，体表似有一层白色薄膜，患病鱼体消瘦，行动缓慢，经常与池壁或池底摩擦。

②防治方法。

A. 对养殖池彻底进行消毒，鱼种合理放养。

B. 将水温升高至27 ~ 28℃保持1周。

C. 用0.7% ~ 1.0%的食盐水浸泡3 ~ 5天或用50 ~ 70毫克/升的福尔马林浸洗，连续处理2 ~ 3天。

D. 全池遍洒2 毫克/升的亚甲基蓝液，1次/天，连洒3 ~ 5天。

（2）车轮虫病。

①病因及症状。病原体为车轮虫（图4-15），车轮虫外形侧面观呈帽形或碟形，反面观为圆盘形，内部结构主要是由许多个齿体逐个嵌接而成的齿轮状结构——齿环，因而有车轮虫之称。还有辐射线，1个马蹄形大核和1个棒状小核。

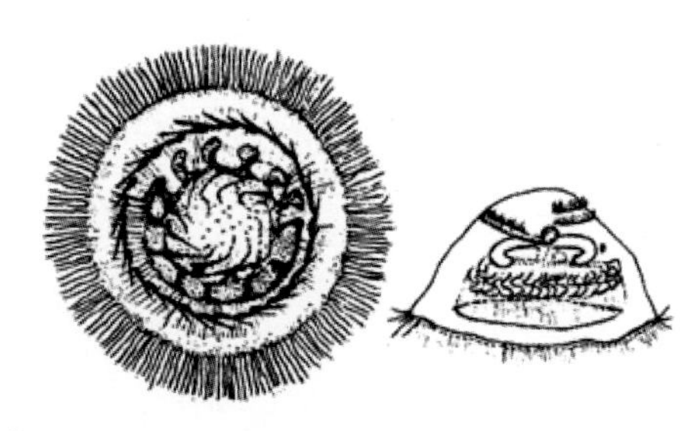

图4-15　车轮虫

车轮虫主要寄生在鲟鱼的体表与鳃上，少量寄生时，无明显症状，严重感染时，引起寄生处黏液增多，鱼苗、鱼种游动缓慢，车轮虫在鱼的鳃及体表各处不断爬动，引起鱼不安，行为异常。

②防治方法。

A．用8毫克/升硫酸铜或2% ~ 5%食盐进行药浴2 ~ 10分钟；

B. 全池遍洒50 ~ 70毫克/升的福尔马林或2.0 ~ 3.0毫克/升的高锰酸钾溶液，1小时后换水，一次/天，连续2 ~ 3天。

(3) 指环虫病。

①病因及症状。病原体为短钩拟指环虫（图4-16），虫体扁平颇小，能像蚂蟥似地伸缩。具有4个眼点、2对头器，肠支末端连成环，后固着器上有1对锚形的中央大钩、背腹联结棒和7对边缘小钩。

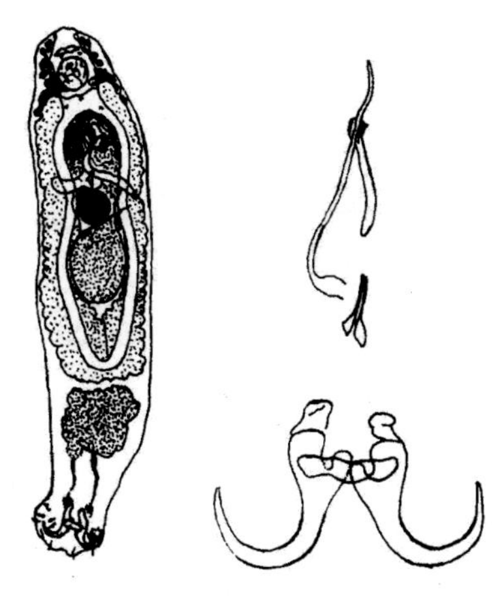

图4-16　指环虫

多数指环虫繁育的适宜水温在20 ~ 25℃，少量寄生时无明显症状，大量寄生时，可引起鱼的鳃丝肿胀、充血，鳃上有大量黏液，鳃瓣呈灰白色，病鱼呼吸困难，食欲减退，游动缓慢而死。

②防治方法。

A.鱼种放养前，用2% ~ 5%食盐水或1 毫克/升晶体敌百虫药浴5 ~ 10分钟。

B.用20毫克/升的高锰酸钾液，于水温10 ~ 20℃时浸洗20 ~ 30分钟，水温20 ~ 25℃时浸洗15 ~ 20分钟，水温25℃以上时浸洗10 ~ 15分钟。

C.全池遍洒0.3 ~ 0.5 毫克/升的晶体敌百虫或50 ~ 70毫克/升福尔马林溶液，1小时后换水，隔天一次，连续2 ~ 3次。

(4) 三代虫病。

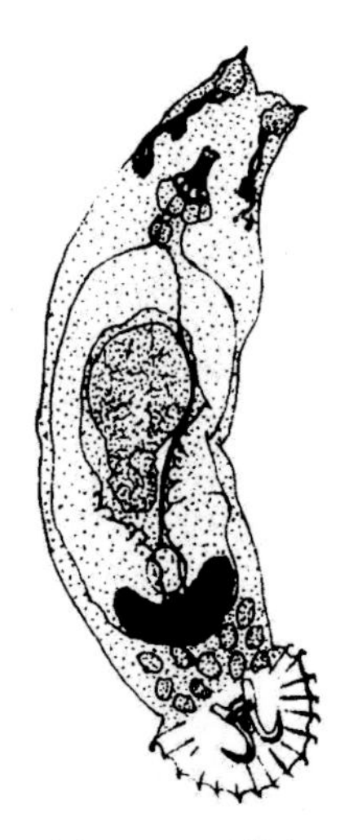
图4-17　三代虫

①病因及症状。病原体是三代虫(图4-17)。三代虫有一对头器，没有眼点，后固着器有一对中央大钩、8对边缘小钩，有2根联结片，副联结片具有延膜；咽由16个细胞组成，呈葫芦状。胎生，一般为三代同体，故称三代虫。

三代虫繁殖适宜水温为20℃，大量寄生于鳃组织，做蛇状运动。症状是：少量寄生时，鲟鱼摄食及活动正常，仅鳃丝黏液增多，大量寄生时，鲟鱼显示不安，逆水窜游或与池壁摩擦，鳃丝充血，鱼体瘦弱黑暗无光泽，食欲下降或绝食，鳃液分泌严重增加，严重时鳃水肿、黏连。

②防治方法。

A. 鱼种放养前，用2%～5%食盐水或1毫克/升晶体敌百虫药浴5～10分钟。

B. 用20毫克/升高锰酸钾溶液，水温10～20℃时浸洗20～30分钟，水温20～25℃时浸洗15～20分钟，水温25℃以上时浸洗10～15分钟。

C. 全池遍洒0.3～0.5毫克/升的晶体敌百虫或50～70毫克/升的福尔马林溶液，1小时后换水，隔天1次，连续用2～3次。

(5) 斜管虫病。

①病因及症状。病原体为鲤斜管虫(图4-18)，鲤斜管虫的身体侧面观为：背面隆起，腹面平坦，前部较薄，后部较厚；腹面观为：呈卵形，左、右两边不对称，左边较直，右边稍弯，后端有一凹陷，整个形状像心脏。鲤斜管虫背面裸露，除在前

端左侧有一行比较粗硬的刚毛外，其余部分均没有纤毛，在腹面，左右两边各有数目不同和长短不一的纤毛线，共16条，左边9条，右边7条，每条纤毛线上长着等长的纤毛。腹面前中部，有一个喇叭状的口管，它一般与身体纵轴向左约成30°角倾斜。大核圆形或近圆形，位于身体后部；小核球形，位置在大核的旁边或后面。两个等大的伸缩泡，一个在身体前部偏于右，另一个在身体后部偏于左。

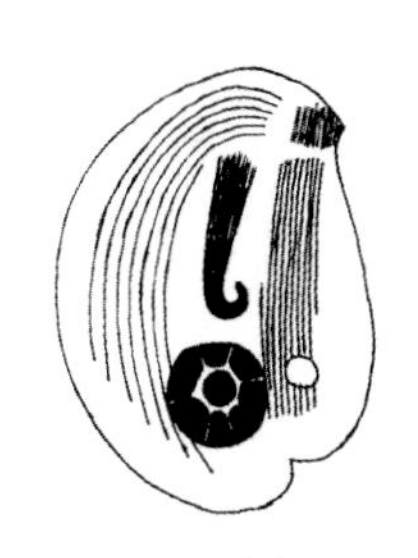
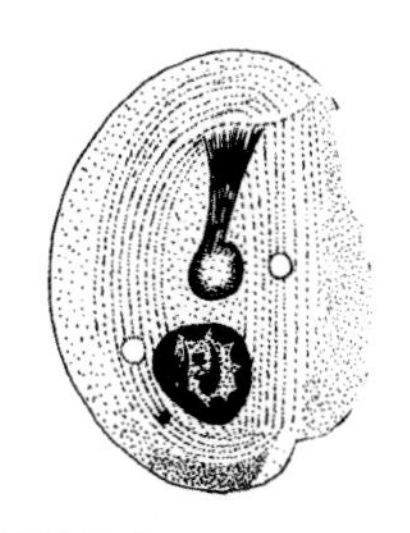

图4-18 鲤斜管虫

斜管虫与车轮虫一样，主要寄生于鱼的体表、鳍及鳃。病鱼体表、鳃黏液增多，鳃充血，呼吸困难，虫体寄生处组织被破坏。病鱼食欲差，鱼体消瘦发黑，靠近塘边浮游于水面作侧卧状。

②防治方法。

A. 用8毫克/升硫酸铜液药浴20 ~ 30分钟或用2% ~ 5%食盐水药浴5 ~ 10分钟。

B. 全池遍洒30毫克/升的福尔马林溶液或2.0 ~ 3.0毫克/升的高锰酸钾溶液，1小时后换水。

（6）气泡病。

①病因及症状。通常发生在苗种阶段，苗种越小越敏感。气泡病的发生有几种情况：一种是养殖水体中藻类过多，光合作用旺盛，溶解氧过于饱和，造成气泡病；另一种是池底不断氧化分解，释放出的大量甲烷和硫化氢小气泡，或是有些地方使用的地下水中富含氮气，水体中的小气泡，如被鲟鱼苗种误吞食，在肠道内积聚多了容易造成气泡病。患病个体常出现腹部充气，翻肚和失去平衡的现象；严重时肉眼可见口前两

侧的两条沟裂内有呈线形排列的许多气泡。该病从发病到死亡的时间很短，如不及时采取措施，即会造成幼鲟鱼的大量死亡。

②防治方法。

A. 对养殖用水进行曝气、过滤。

B. 使用池塘水进行养殖时，发现气泡病，立即注入新水或每亩泼洒食盐2 ～ 2.5千克。

C. 较严重时可将患病鲟鱼放到经处理过的较低水温中，加大水流速度，增加其运动量，使患病鲟鱼通过体循环而排出体内的气泡。

（7）细菌性肠炎。

①病因及症状。病原为肠型点状产气单胞菌，鲟鱼从体长3厘米时到成鱼都有发生，是鲟鱼养殖过程中比较常见的一种病。发病的原因是投喂的天然饲料受到污染、配合饲料发霉变质，水质恶化，养殖过程中饲养管理差、无规律、投喂量过大等。

病鱼行动迟缓，摄食少，腹部膨胀，肛门红肿。轻压病鱼腹部，有淡黄色黏液从肛门流出，肠壁充血发炎，弹性差，肠内无食物，有淡黄色黏液。

②防治方法。

A. 每千克鲟鱼口服恩诺沙星200毫克，连服5 ～ 7天。

B. 每千克鲟鱼口服土霉素25毫克，连用5 ～ 7天。

C. 每千克鲟鱼口服大蒜素0.04克，连用5 ～ 7天。

（8）细菌性败血病。

①病因及症状。病原为嗜水气单胞菌，鲟鱼发病后，摄食量急剧下降，病鱼嘴、眼睛、腹部充血，肛门红肿，鳃丝颜色变浅，轻压腹部有淡红色脓血出现。腹腔内有淡红色腹水，肝肿大呈土黄色，部分组织、器官充血，肠后端螺旋状充血。病鱼死前阵发性狂游挣扎，多数死鱼嘴张开，不能闭合。

②防治方法。

A. 每千克鲟鱼口服恩诺沙星200毫克，连服5 ～ 7天。

B. 用氟哌酸拌饵料投喂，第1天每千克饲料加入氟哌酸15克，第2 ～ 7天每千克饲料加入氟哌酸5克。

C. 全池泼洒0.3毫克/升的二氧化氯液，1小时后换水。

（五）鲟鱼的运输

1. 鲟鱼运输特点和运输工具

（1）运输特点。就鲟鱼的规格而言，运输包括受精卵、鱼苗、大规格鱼种、商品鱼以及亲鱼的运输；就运输的距离而言，运输既有相邻池间的转鱼，也有长达几千千米以外的国际运输；就运输的时间而言，有几分钟内的短距离运输，也有几十小时的长途运输。

鲟鱼是淡水中最大的动物类群，多生活于河道中，耗氧率高，窒息点高。要求运输过程中水体要保持充足的溶解氧量。

鲟鱼体较长，一般呈梭形，躯干部有5行坚硬的外骨板，身体横断面近五边形，棱角分明。运输不当时，极易相互碰伤。

鲟鱼对运输时的水体温度有较严格要求。尤其是鲟鱼受精卵的运输，水温过高或过低都会给发育带来不良影响，水温必须控制在14 ～ 18℃。鱼种和商品鱼运输时，温度也须掌握在一个合适的范围内。要考虑鲟鱼养殖的环境水温和运输要求水温的温差，急降急升都会对所运输的鱼造成一定的伤害。

（2）运输工具。根据运输距离的长短，鲟鱼运输可采取飞机、火车、汽车等不同的运输工具和方式，一般距离近的采取火车、汽车陆运，距离远的可采取空运的方式。秋冬季温度较低，而又是鱼种的销售时节，考虑空运成本太高的因素，对交通比较方便，陆运时间能控制在24小时以内的，可采取火车或汽车运输。春夏季温度较高，是鱼苗的销售时节，每袋鱼苗的价值很高，件数相对较少，宜在最短的时间内运输完毕，故应采取空运的方式。对于商品鱼的运输，不管是采取火车、汽车陆运还是飞机空运，都可以采用干法包装运输，这是目前运输商品鲟鱼最经济适用的一种方法。

2. 鲟鱼运输的方法

（1）尼龙袋充氧运输。鲟鱼运输可用尼龙袋或胶质袋盛装。辅助部分有：泡沫箱、纸箱、胶带、打包带等。根据运输方式和距离，选用辅助材料如：根据民航运输部门要求，尼龙袋外用泡沫箱、纸箱、打包带缺一不可；专用汽车运输时，只用尼龙袋、外套泡沫箱或纸箱即可。

用尼龙袋充氧运输时，须用双层尼龙袋，如用质量好的胶质袋可以用单层。鱼水占袋内容积的1/3 ~ 1/2，充氧后扎口，如果是进行空运或夏天高温季节运输，充氧不要太胀。

将扎好口的尼龙袋或胶质袋放入泡沫箱，如需降温时，在箱内鱼苗袋的一侧放置冰袋或冻好的矿泉水瓶子。然后盖好泡沫盖，用胶带封严。将封严的泡沫箱装入纸箱内，再将纸箱盖好封严，用胶带封严或用打包器在纸箱外上两道打包带。

（2）活鱼的汽车运输。根据运输量的大小，可选择不同型号的车辆和活鱼箱，用氧气瓶通过铺设在活鱼箱底的管道对水体充氧，一般运输时间在24小时内，每车运输量可达几百至几千千克。运输鲟鱼的活鱼车，在装水前，应检查氧气排气孔是否堵塞、排气是否均匀。运输用水可以用地下水或清洁无污染的河水，加至离箱口有少许空间时即可，装鱼过程中，打开氧气阀门，带水装鱼完成后，再加水让水溢出，带走装鱼过程中鱼分泌的黏液。

（3）商品鱼干法运输。将停食好的鲟鱼放入水温为1 ~ 2℃的冰水混合物中迅速降温。降温时间为10 ~ 15分钟，视鲟鱼活动情况而定，待鱼体已处于冷麻痹状态，即可装箱。

在泡沫箱中铺好塑料袋或尼龙袋，将处理好的鲟鱼首尾相间、腹部朝下放袋中，鱼体紧挨但不能相互重叠。在鱼体上均匀撒入一定数量碎冰。将袋内空气赶出，充入氧气，确保袋内氧气浓度足够。充气完成，立即用橡皮筋扎袋，用胶带密封泡沫箱，即可进行运输。

鲟鱼在运输过程中，即是其解冻过程。一般经15 ~ 18分钟，鲟鱼已苏醒。运抵目的地后，开箱取出塑料袋或尼龙袋，置于放（暂）养的池水中，当袋内温度与池水温度相接近时(温差不超过3℃)，即可开袋，将部分池水倒入袋中调温后，鱼可入池。

3. 运输温度的控制

(1) 运输用水的降温。夏、秋季节进行鲟鱼的运输，由于运输水温较高，鱼在运输容器内活动较强，容易相互碰伤，且温度高鲟鱼耗氧能力加大，时间较长对运输成活率有较大影响，所以应对水体进行降温或取用温度较低的地下水。对水体降温，可直接在水体中加冰块，要注意的是，降温过程是逐渐的，让鲟鱼有一个适应的过程，并且降温幅度不宜超过5 ~ 8℃。

(2) 运输过程中温度的控制。在鲟鱼的长途运输中，在气温较高时，要注意运输的保温问题。运输容器中温度升高，会使鲟鱼呼吸加快，代谢增高，增加了氧的消耗，水中的代谢产物增多，水质恶化，造成鲟鱼中毒。如果水温超过鲟鱼的忍受上限，则会造成鲟鱼死亡。因此，运输的过程中温度的控制关系到运输的成败。

运输包装材料中的泡沫箱有很好的保温效果，在气温和运输所要求温度相差大时，不论采用什么方式运输，只要是较长时间的运输，都应外包泡沫箱，而且要封严。

在高温季节，除采用泡沫箱外，还应在箱内加冰对箱内温度进行控制。可用原盛矿泉水的空塑料瓶，加水冻成冰，并将其放在盛鱼袋子和泡沫箱之间。用活鱼车运输时，路上可采取换水、加冰的办法进行处理，运输的时间可选择在晚上、气温降低后进行运输。

4. 运输鲟鱼的密度的掌握 运输鲟鱼的密度取决于几个因素：运输鱼体的规格、运输所能保证的温度、运输所需的时间。运输量（重量/单袋）与鱼体重量成正比，与运输的温度和时间成反比。

俄罗斯的M.C. 契巴诺夫通过对2克和5克鲟鱼的运输试验，归纳出温度5～20℃时，每标准袋在不同运输时限情况下所运输鱼的重量（表4-9）。黑龙江的于信勇等根据多年的运输经验，总结出在几种温度情况下，受精卵和不同规格鲟鱼的运输密度（表4-10）。

表4-9 鲟幼鱼的运输密度

水温（℃）	鱼体规格		运输时限（小时）				
	体重（克/尾）	体长（厘米/尾）	10	20	30	40	50
5	2	4.6～5.5	0.90	0.70	0.58	0.43	0.34
	5	7.0～9.0	1.00	1.00	0.76	0.57	0.46
10	2	4.6～5.5	0.70	0.52	0.35	0.26	0.21
	5	7.0～9.0	1.00	0.61	0.41	0.30	0.25
15	2	4.6～5.5	0.70	0.40	0.27	0.21	0.16
	5	7.0～9.0	1.00	0.50	0.33	0.25	0.20
20	2	4.6～5.5	0.56	0.23	0.19	0.14	0.10
	5	7.0～9.0	0.70	0.34	0.23	0.18	0.13

表4-10 鲟鱼运输装运密度参照

种类	鱼体规格		密度（粒/袋或尾/袋）		
	重量（克/尾）	体长（厘米/尾）	水温8℃	水温15℃	水温20℃
受精卵			—	40 000	—
仔 鱼	0.03～0.07	1.0～2.0	7 000	5 000	3 000
幼 鱼	0.2	2.1～2.8	700	500	300
	0.5	2.9～3.0	600	400	200
	1	3.1～3.5	450	300	150
	2	4.6～5.5	320	210	110
	5	7.0～9.0	190	130	65
	10	13～16	90	60	35
	20	18～22	70	45	25
鱼 种	50		24	22	20
	100		20	18	16
	200		15	13	10
商品鱼	1 000		—	6	—
	1 500		—	4	—
	2 500		—	3	—
亲 鱼	15 000		—	3	—
	25 000		—	2	—
	40 000		—	1	—

5. 鲟鱼运输的注意事项

①鲟鱼的受精卵、从脱粘后到破膜前都可以进行运输，但必须在破膜前到达目的地，防止由于胚胎破膜引起的水质变坏。用于运输的受精卵受精率要达到85%以上，受精率低的受精卵，在运输途中死卵破裂，污染水质，引起运输成活率下降。所以受精率低于85%或接近破膜的受精卵，不宜做长途运输。受精卵在运输时，伴随着胚胎的发育，胚胎发育的适宜温度在14 ～ 18℃。因此，鲟鱼受精卵的运输应将温度控制在

14～18℃。低于或高于这个温度范围都会影响后期的孵化效果。

②鲟鱼仔鱼的运输，应选择在仔鱼进入底栖生活以前进行，因为当仔鱼进入底栖生活以后，捞鱼操作困难，易伤鱼体，使运输成活率下降。仔鱼的运输温度应控制在18℃左右。

③鲟鱼的幼鱼和鱼种，在运输前应停食1～2天，防止运输途中因粪便过多而污染水质。另外鲟鱼的幼鱼及鱼种已具备了成鱼的形态，躯干部有5行坚硬的骨板，所以装鱼容器体积宜小，以避免因容器过大造成鱼体之间的相互擦伤。选用的尼龙袋质地要结实，一般用双层尼龙袋，里层用厚度8微米的，外层用厚度6微米的，这样既安全又经济。在鱼种打包、装箱，泡沫箱封盖前，应检查一遍所有的袋，及时替换个别被扎漏的尼龙袋。

④鲟鱼的成鱼，在运输前预先转入暂养池停食1～2天，选用两层质地结实的胶质袋进行运输，可有效防止体表坚硬的骨板刺破袋子；也可用3层质地结实的尼龙袋，里层两袋间夹一层报纸，当骨板刺破第1层尼龙袋时，渗出的水将报纸浸湿，浸湿的报纸则将两层尼龙袋紧紧地吸附在一起，可有效防止第1层尼龙袋的干瘪。

⑤鲟鱼的长途运输常采用降温措施，这是提高运输成活率的重要手段，尤其是夏季，必须采取加冰降温等措施才能保障运输成活率。加冰降温比较实用的方法是在箱内放1～2瓶冰冻好的矿泉水。

⑥到达目的地后，一定要做好水温调节和水质调节，防止水温及水质的突然变化而引起鲟鱼在短期内大量死亡。既要注意水温的调节，也要注意水质调节。在运输途中，鲟鱼分泌物造成袋内水质发生很大变化，如果直接将受精卵、仔鱼、幼鱼从氨态氮、二氧化碳浓度很高、pH很低的水中转入孵化器或养殖池中，由于水质条件的显著变化，受精卵、仔鱼、幼鱼可因

不适应而发生死亡。到达运输目的地后，应针对具体情况灵活掌握。当尼龙袋内水温变幅不大，水质良好不浑浊，则可进行10 ～ 20分钟的水温调节后直接将鱼苗放入池中；当尼龙袋内水温变幅较大，水质恶化时，则应及时解开尼龙袋口，逐渐向袋内加入池水，同时调节水温和水质，待水温、水质调节好后，再放入养殖池内。

二、鲑鳟鱼流水养殖技术

鲑科鱼类，习惯上有的被称为鲑，有的称为鳟，统称为鲑鳟。其种类有马苏大马哈鱼、虹鳟、金鳟、山女鳟、硬头鳟、日光白点鲑、北极红点鲑、溪红点鲑、银鲑、哲罗鲑、细鳞鲑、高白鲑等。鲑鳟鱼是一种高蛋白质、低脂肪、无肌间刺的鱼类，因其品质好、营养价值高，有助于健脑、预防心脑血管等疾病，具有很高的食用价值。作为联合国粮食及农业组织向世界推广的优良淡水养殖品种之一，鲑鳟鱼在我国的养殖前景较好，随着国民经济的快速发展和人民生活水平的不断提高，近年受到市场热捧，走俏餐桌。

（一）生物学特性

1.形态特性（以虹鳟为例）　体型侧扁，口较大，斜裂，端位。吻圆钝，上颌有细齿。背鳍基部短，在背鳍之后还有1个小脂鳍。胸鳍中等，末端稍尖。腹鳍较小，远离臀鳍。鳞小而圆。背部和头顶部蓝绿色、黄绿色和棕色，体侧和腹部银白色、白色和灰白色。头部、体侧、体背和鳍部不规则的分布着黑色小斑点。性成熟个体沿侧线有1条呈紫红色和桃红色、宽而鲜红的彩虹带，直沿到尾鳍基部，在繁殖期尤为艳丽，似彩虹，故名虹鳟（图4-19）。

图4-19 虹鳟

2. 生活习性和分布 鲑鳟属冷水性鱼类，喜生活在水质清澈无污染、水温适宜、水量充沛、溶解氧丰富、具有沙砾底的山涧溪流之中。适宜生活的流速为2 ~ 16厘米/秒。鲑鳟成鱼生存极限温度为0 ~ 30℃，生长水温3 ~ 24℃，最适生长温度12 ~ 18℃。低于7℃或高于20℃，食欲减慢，生长减慢；超过24℃，停止摄食，长时间持续则鱼体衰弱，导致死亡；27 ~ 30℃，短时间内则会死亡。鲑鳟对水中溶解氧要求很高，适宜的溶解氧应保持在6毫克/升以上，至少不应低于5 毫克/升，溶解氧在9 毫克/升以上，生长加快。溶解氧低于3毫克/升为致死点，低于4毫克/升时出现“浮头”。溶解氧低于5毫克/升时，呼吸频率加快。最适水质：生化需氧量小于10 毫克/升，氨氮值低于0.5毫克/升，pH6.50 ~ 7.50。鲑鳟适应性很强，既能在池塘中养殖，也可在水库、湖泊、河川中放养，尤其在流水中养殖，一年四季都可生长，产量较高。

3. 摄食特点 鲑鳟为肉食性鱼类。幼体阶段以捕食浮游动物、底栖动物、水生昆虫为主。成鱼以鱼类、甲壳类、贝类及陆生和水生昆虫为食，也摄食水生植物的叶和种子。在人工饲养条件下，经驯养能适应和摄食颗粒饲料。鲑鳟摄食量的多少与水温、溶解氧等因素有密切关系。在最适生长水温范围内，鲑鳟摄食旺盛。当水中溶解氧超过10毫克/升以上时，鲑鳟进食明显增多。在一天之中，摄食以早晨和傍晚为主。

4. 生长特性 虹鳟鱼的生长因水温、水量、环境条件和投饲量等有所差异，在适宜的生态条件下，虹鳟全年均可生长。水温在12 ～ 18℃，养殖一年虹鳟鱼体重能够生长到1.0 ～ 1.5千克，养殖两年体重能达到2.5 ～ 3.0千克，养殖3年体重能够达到4.0 ～ 4.5千克（表4-11）。人工饲养条件下，最大个体全长90厘米，重7.2千克，天然水域中10龄重达25千克。美国道氏纳尔逊虹鳟、大西洋鲑生长速度更快。

表4-11 虹鳟的生长特性

年水温（℃）	满1年体重（千克）	满2年体重（千克）	满3年体重（千克）
12～18	1.0～1.5	2.5～3.0	4.0～4.5

5. 繁殖习性 雌鱼3龄开始性成熟，雄鱼为2龄。虹鳟生长迅速、适应性强。产卵场在有石砾的河川或支流中雌鱼掘产卵坑，雄鱼保护，卵沉性。每个产卵坑通常有受精卵800 ～ 1 000粒，个体怀卵量10 000 ～ 13 000粒，分多次产出，已知同一个体有繁殖5次的例子。其雌雄鱼的鉴别，外观主要依据鱼的头部，头大吻端尖者为雄鱼，吻钝而圆者为雌鱼。

（二）流水养殖的基础条件

1. 水源要求 参考第二章“一、鲟鱼流水养殖技术（二）流水池选址与设计”。

2. 水温要求 鲑鳟鱼属于冷水鱼，对水温要求相对较高。淡水养殖或海水养殖都需要在一个低温环境下进行。夏季水温维持在22℃以下，最高不能超过24℃，冬季保证水面不结冰、水质无污染、澄澈透明。在适温范围内，水温越高，越适合鲑鳟鱼生长。因此，在养殖水域选择过程中，要确保温度在14 ～ 18℃，这样不仅不会影响到水中的溶解氧量，还会加速鲑鳟鱼生长。

3. 溶解氧要求　鲑鳟鱼喜栖高溶解氧水域，当水中溶氧低于3毫克/升时，会出现大批死亡，该值为夏季的致死点；低于5毫克/升时，呼吸频率加快，感觉不适；要使鲑鳟鱼良好生长，水中溶解氧最好在6毫克/升以上；到9毫克/升以上生长速度较快（图4-20、图4-21）。掌握饲育用水溶解氧的变化规律并适时予以调节，避免各种因素的刺激，保持安全的溶解氧环境是保证养殖效果的关键。

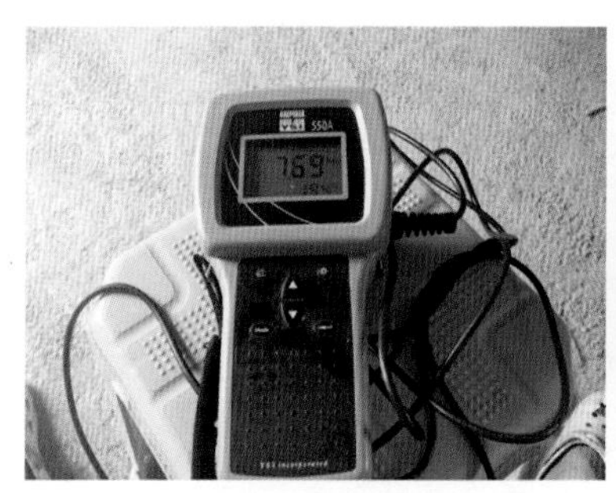

图4-20　溶氧仪

图4-21　测溶氧及水温

4. 水质调控　影响鲑鳟鱼生长的水质因素很复杂，主要是水的酸碱性和氨氮浓度。鲑鳟鱼对pH的耐受范围是5.5 ~ 9.2，适宜范围是6.5 ~ 7.5，酸性特别是强酸性环境会使鲑鳟鱼生长受到抑制。另外水质的浑浊度也是影响鲑鳟鱼生长的重要因素。浑浊的水质会妨碍鱼的视力，影响其摄食和生长。建设鲑鳟鱼养殖场时，应对水源的环境情况进行全面了解。

（三）场地建设

1. 场地选择　参考第四章“一、鲟鱼流水养殖技术（二）流水池选址与设计”。

2. 场地建设　鲑鳟鱼池塘主要以长方形、四角圆钝结构为主，确保池塘四周不存在死角，水流进出合理，鱼群可以在垒池均匀分布。鱼池设计为落差式注水、底层虹吸式排水，要求注进、排水流畅、污物排出方便。长不超过15米、宽4米、深1.2米，砖或片石砌四壁，碎石混凝土打造底板，四周及底面为水泥浆抹面，底面坡度0.5% ~ 0.8%，水位保持在0.8 ~ 1.0米；当然，也要结合水源流量的大小、生产规模的需要等实际情况调整鱼池的数量、鱼池面积的大小。

3. 防逃设施建设　参考第四章“一、鲟鱼流水养殖技术（二）流水池选址与设计”。

（四）养殖技术

鲑鳟鱼的饲养过程，由卵破膜孵化算起，可以分为仔鱼期（由孵出至开食两个月止）、鱼苗期（由开食后2 ~ 6个月止）、鱼种期（由开食后9个月至当年年底）和成鱼期（从翌年1月开始到出售）等几个阶段。

1. 仔鱼期、鱼苗期　指鱼苗孵出后，卵黄囊吸收2/3，开始上浮水面摄食个体（体全长18 ~ 28毫克，体重70 ~ 250毫克）。

稚鱼培育：上浮仔鱼→鱼种（10克/尾）（历时5个月左右）。

（1）上浮稚鱼的开口饲料。

①以畜禽肝脏、脾脏、鸡蛋黄为主。

②以生鱼肉制成的糊状饲料为主。

③以水蚤干为主。

④采用颗粒全价配合饲料。

（2）培育池的条件。圆形水泥池或玻璃缸，直径2米，水深20 ~ 30厘米，水温10 ~ 12℃为宜（图4-22）。

（3）放养密度。初期：5 000 ~ 8 000尾/米^2；体重1克：1 600 ~ 2 000尾/米^2；体重4 ~ 5克：1 000尾/米^2。

图4-22　圆形水泥池或玻璃缸

（4）饲料投喂以动物性原料为主加工的饲料。日投喂率3%～5%，日投喂6～8次，后期减少至3～4次。开始投喂饲料，最初可以将煮熟的蛋黄调成浆水，滴到鱼池上游有鱼的水面。开食后1个月，可以用纱布挤出煮熟的蛋黄，呈细颗粒状滴于水中。还可以用动物肝脏、新鲜小杂鱼磨成糨糊状，滴入水面投喂。开食2个月后，仔鱼体重已达1克左右，进入了鱼苗期，饲料中的动物性成分要求达80%以上。日投饵量可占鱼体重的9%左右。

（5）水量调控。交换率以3～5次/小时为宜（表4-12）。

表4-12　每饲养10万尾虹鳟稚鱼所需的面积和水量

稚鱼规格（克/尾）	鱼池面积和放养密度		进水量（升/秒）			
	面积（米^2）	密度（尾/米^2）	5℃	10℃	15℃	20℃
1	60	1 600	1	2	3	6
2	80	1 200	2	3	6	14
5	100	1 000	3	7	14	23
10	125	800	7	15	26	44
15	160	625	9	22	39	65
20	170	588	12	20	52	87
25	200	500	15	35	62	108
30	205	488	17	37	70	115

引自戈贤平。

（6）及时清污和捞出死鱼。清污时先用刷子将排水管上的污物刷洗干净，然后采用虹吸法清除池子里的残饵、粪便及死鱼（图4-23）。

图4-23　虹吸法清污

2.鱼种期　开食后半年，一直到当年年底，为鱼种期，体重50～100克/尾（历时5～6个月），放养密度50～200尾/米^2。可投喂成鱼用饲料、投饵量可占鱼体重的5%左右。日投饵3～4次。

（1）培育条件。水泥池：30～60米^2，水深40～55厘米，温度10～14℃。

（2）投喂。人工配合饲料，动物成分占50%～80%；日投喂率3%～5%，日投喂3次。

（3）及时分塘。每月进行1次，同时降低放养密度（图4-24）。

（4）水质管理。控制水流，交换次数为4～5次/小时；注意防缺氧；注意清洁卫生。

图4-24　鱼种分池

3. 成鱼期

(1) 鱼池条件。水泥池，鱼池布局为并联方式，面积40米×4米～60米×5米，水深1～2米，流速0.3米/秒左右，水交换量2次/小时、水体理化条件，水温：10～18℃，水体溶解氧6毫克/升以上。

(2) 放养密度。鲑鳟鱼饲养密度可以结合水体交换量，水中溶解氧量的增加而增加，但放养密度不能超过16千克/米^3。如果超过这个标准，会导致鱼类代谢物增加，使得水体生化指标上升，使得鲑鳟鱼只能保证平时的摄食活动，严重影响到生长发育，抵御多种疾病能力将会降低。因此鲑鳟鱼放养密度一般控制在每立方米10～14千克，这样既可以最大程度的利用水体，又可以有效提高鱼群身体抵抗能力。

(3) 饲料投喂。鲑鳟鱼饲料必须保证营养平衡、品质上佳。饲料投喂坚持四定原则，以八成饱为宜，日投喂2次，投喂量为鱼体重的2%～3%。在饲料投喂过程中要确保饲料颗粒直径和鱼嘴直径相一致（表4-13）。

表4-13 鱼体规格与适口饲料的粒径

饵料形态	粒径（毫米）	鱼体规格	
		体长（厘米/尾）	体重（克/尾）
碎粒	0.5	3.0	0.3
	0.8	3.0～4.2	0.3～1.0
	1.2	4.2～5.5	1.0～2.0
	2.0	5.5～7.0	2.0～5.0
颗粒	2.5	7.0～9.0	5.0～10.0
	3.0	9.0～17.0	10.0～50.0
	5.0	17以上	50以上
碎粒	0.3～0.4	3	0.4
	0.4～1.0	3～5	0.4～2
	1.0～1.5	5～7	2～4
	1.5～2.0	7～8.5	4～7

（续）

饵料形态	粒径（毫米）	鱼体规格	
		体长（厘米/尾）	体重（克/尾）
颗粒	2.4	8.5～10	7～14
	3.2	10～15	14～40
	5.0	15～30	40～250
	8.0	30以上	250以上

引自王昭明。

（五）病害防治

参考第四章“一、鲟鱼流水养殖技术（五）病害防治”。

（六）养殖尾水处理

水产养殖尾水中因含有氨氮、亚硝酸盐、有机物、磷及污损生物等，不能直接排放，需经过过滤、沉淀、吸附、氧化、降解等处理后达到排放标准才能排放（图4-25）。

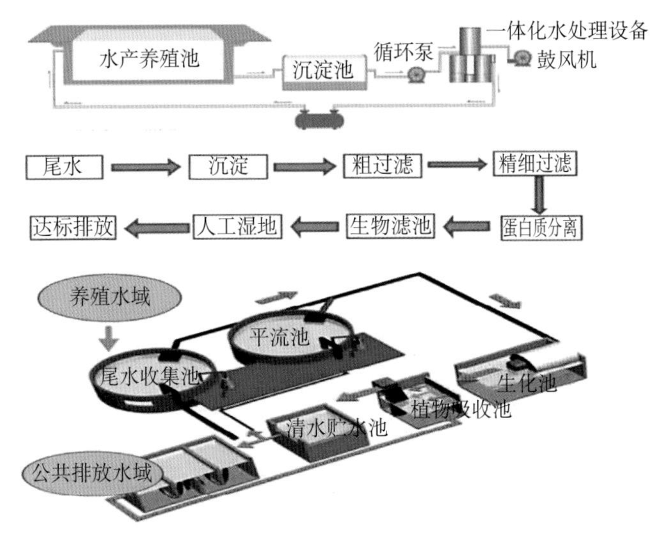

图4-25　池塘养殖尾水处理示意图

三、裂腹鱼流水养殖技术

裂腹鱼是鲤科裂腹鱼亚科鱼类的总称，属于经济鱼类，是贵州地区野生鱼类产量最大的一个类群，地方名：细鳞鱼。主要分布于长江上游和珠江上游的干流和支流中，由于它的肛门两侧为扩大的鳞片所钳夹，在狭窄的腹鳍后方形成一条裂隙，故称为裂腹鱼。裂腹鱼属于亚冷水性鱼类，生活在山区溪流、暗河、沟渠等水体中，水质清新无污染，摄食天然饵料，鱼肉质细嫩，味道鲜美，是纯天然的绿色食品，具有较高的食用价值和经济价值，最大个体可达4 ~ 5千克。裂腹鱼生长缓慢，成熟期长（4 ~ 5龄），怀卵量少（一尾2千克的裂腹鱼怀卵量10 000 ~ 15 000粒），生活环境特殊（仅在山区溪流、暗河、河沟中生存，一旦水体情况发生改变，很快就消失），在江河中竞争能力较弱。近10余年来，由于江河污染、水利工程建设、生态因子恶化等原因，该鱼类的生存环境越来越狭窄、资源急剧锐减，且渔获物个体趋于低质化、低龄化、小型化，特别是性成熟个体更难找到，接近灭绝。毕节市水产技术推广站2002年以来对其中的昆明裂腹鱼、重口裂腹鱼、四川裂腹鱼等进行人工驯养繁育研究，取得了成功，并进行成果转化，实现了规模养殖。

（一）生物学特性

1. 形态特点（以昆明裂腹鱼为例） 昆明裂腹鱼体瘦长而稍侧扁；背缘隆起，腹部圆或稍隆起。头锥形，吻钝，口下位、亚下位或端位，弧形、横裂或略呈马蹄形。下颌前缘有或无锐利角质。须2对。唇发达或狭小。体被细鳞，排列不整齐，胸、腹部裸露或仍有细鳞埋于皮下。自腹鳍基部后缘至臀鳍基部后缘具较大而明显的鳞片并形成明显裂腹；侧线完全，后伸入尾柄正中；背鳍不分枝，鳍条常为有锯齿硬刺，尾鳍叉形，上下叶末端均钝。体背呈青灰色、青蓝色或黑褐色斑点，腹部银白或浅黄色；背鳍、胸鳍、腹鳍均呈青灰或浅黄色，尾鳍呈浅红色（图4-26）。

图4-26　昆明裂腹鱼

2. 生活习性和分布　裂腹鱼在野生环境下栖息于峡谷或流速较高的河流中，为冷水性底层鱼类，冬季常潜于河道石缝或附近岩溶洞穴，夏季常摄食于砾石滩处。

3. 摄食特点　昆明裂腹鱼幼体阶段以食浮游动物、底栖动物、水生昆虫为主。成鱼多食着生藻类，以硅藻为主，亦食少量水生昆虫。在人工饲养条件下食人工配合饲料，投喂时摄食能力强。在人工饲养条件下幼体阶段主要用水蚯蚓开口，其余阶段食人工配合饲料，昆明裂腹鱼的摄食量与水温、溶解氧等因素有密切关系。在最适生长水温范围内，摄食旺盛。当水中溶氧超过4毫克/升以上时，进食明显增多。

4. 生长特性　昆明裂腹鱼的生长因水温、水量、环境条件和投饲量等不同而有差异，在适宜生态条件下，裂腹鱼全年均可生长。水温在17 ~ 20℃，养殖一年体重能够生长到50 ~ 100克，养殖两年体重能达到300 ~ 500克。如果水温低于15℃，饲养1年体重可以达到20 ~ 30克，饲养2年体重能够达到

50 ～ 100克。养殖3年体重可以达到300 ～ 500克。人工饲养条件下，最大个体重4.6千克。

5. 繁殖习性 昆明裂腹鱼繁殖期进行短距离洄游，在急流险滩附近挖窝产卵，雄鱼3 ～ 4龄成熟，雌鱼4 ～ 5龄成熟。为一次性产卵鱼类，繁殖季节为每年3 ～ 5月，受精卵为黄色或银白色，沉性，圆球形，微黏性，直径1毫米左右，绝对怀卵量1万～ 1.5万粒，相对怀卵量为25 ～ 30粒/克，刚孵化出的鱼苗全长1 ～ 1.2毫米，卵黄囊较大，平卧在流速较小的河底沙石之间或孵化箱底部，一般经过6 ～ 7天的饲养，卵黄囊被吸收2/3左右，鱼苗开始上浮觅食。

（二）流水养殖的基础条件

1. 水源要求 同第二章第一节。昆明裂腹鱼养殖水源，如图4-27所示。

2. 水温要求 昆明裂腹鱼属于亚冷水性鱼类，要求夏季水温维持在23℃以下，最高不能超过26℃，冬季保证水面不结冰。在适温范围内，水温越高，生长越快。因此，在养殖水域选择过程中，若保持用水水温17 ～ 20℃，会加快裂腹鱼生长。可以在池塘上方搭置遮阴棚，以降低水温（图4-28）。

图4-27 昆明裂腹鱼养殖水源

图4-28 昆明裂腹鱼养殖池遮阴棚

3. 溶解氧要求　当水中溶解氧低于3毫克/升时，昆明裂腹鱼会出现大批死亡，溶解氧3毫克/升是夏季的致死点；低于4毫克/升时，呼吸频率加快，感觉不适；要使昆明裂腹鱼生长良好，水中溶氧最好保持在5毫克/升以上，到8毫克/升以上生长速度较快。适时掌握养殖水域溶解氧的变化规律并适时予以调节，保持安全的溶解氧环境是保证良好养殖效果的关键。目前，一般都是机器自动测量溶解氧（图4-29）

图4-29　测溶解氧设备

4. 水质调控　影响昆明裂腹鱼生长的水质因素很多，主要是养殖水体的酸碱度和氨氮浓度。昆明裂腹鱼对pH的耐受范围是5.6 ~ 9.0，适宜范围是6.8 ~ 8.0，酸性特别是强酸性环境会使其生长受到抑制。另外水质的浑浊度也是影响昆明裂腹鱼生长的重要因素。浑浊的水质会妨碍鱼的视力，而影响摄食和生长。建设昆明裂腹鱼养殖场时，应对水源的环境情况进行全面的了解。

（三）场地建设

1. 场地选择　参考第四章“一、鲟鱼流水养殖技术（二）流水池选址与设计”。

2. 场地建设　昆明裂腹鱼养殖池的形状有圆形、椭圆形和长方形等（图4-30）。面积一般以20 ～ 200米^{2}为宜。长宽比为(5 ～ 6)：1，池深1.2米，水深1米左右，池底要有一定的坡降，水流速度控制在0.1 ～ 0.3米/秒，进、排水设计合理（图4-31）；阶梯式流水养殖，要设置单独的排污系统，便于养殖鱼池的清洗和病鱼的隔离及污物的回收处理。

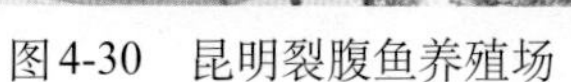

图4-30　昆明裂腹鱼养殖场

图4-31　排水系统

总的要求是水流畅通，鱼池排列要饲养管理方便，便于污物的收集处理。

3. 防逃设施建设　参考第四章“一、鲟鱼流水养殖技术（二）流水池选址与设计”。

4. 养殖尾水处理　参考第四章“一、鲟鱼流水养殖技术（二）流水池选址与设计”。

（四）养殖技术

昆明裂腹鱼的饲养过程，由卵孵化破膜算起，可以分为仔鱼期（由孵出至开食2个月止）、鱼苗期（由开食后2 ～ 6个月止）、鱼种期（由开食后9个月至当年年底）和成鱼期（从翌年1月开始到捕捞出售）等几个阶段。

1. 仔鱼期　孵化后9天内，不需投饵。鱼苗嫩弱，趋暗怕光，活动缓慢，依靠吸收卵黄囊中的养分维持其生长，放养密度20 000 ~ 50 000尾/米^2。9天后，开始投喂，用绞肉机绞2 ~ 3次的水蚯蚓投喂（图4-32、图4-33），投喂量为50 ~ 80克/万尾。随着鱼苗的逐渐长大，用绞肉机绞红线虫的次数随之减少，每天投喂3 ~ 4次。

图4-32　仔鱼期养殖

图4-33　水蚯蚓投喂

2. 鱼苗期

(1) 鱼苗驯化。孵化不久的幼鱼，一般体长达到1 ~ 2厘米，进入了鱼苗期，在投喂水蚯蚓的同时，投喂鱼苗开口料，采取交叉投喂，并逐渐减少水蚯蚓的投喂量和投喂次数，增加开口饲料的投喂量和投喂次数，经过8 ~ 10天的饲养，鱼苗长到2.5厘米左右时，只投喂开口饲料。

(2) 转食。当鱼苗长到2.5厘米长左右时，可以对鱼苗进行人工驯化，用鱼苗饲料在鱼池的某一处定点进行驯化，每天驯化3 ~ 4次，每次驯化30 ~ 60分钟，开始驯化时投喂一定数量的鱼苗开口料，以后根据驯化时鱼苗的抢食情况逐渐递减。当鱼苗在驯化时有50%左右的鱼苗到驯化地点吃食就停喂鱼苗开口料，以后根据“四定”原则进行投喂。

3. 鱼种期

（1）鱼苗培育池清洗消毒。用水冲洗池底和池壁上的污物。鱼苗培育池清洗完后阳光暴晒3～5天就可以进行鱼池消毒，消毒时在鱼池中先放入3～5厘米深的水，用20～30毫克/升的硫酸铜溶液洗刷池壁。同时用20～30毫克/升的硫酸铜溶液对其他工具进行消毒。鱼池消毒1～2天把鱼池中水放掉，用清水把鱼池清洗干净，然后把注水放到25～30厘米深，保持一定的流速。

（2）鱼苗投放。放养的鱼苗要求规格为5厘米左右长。鱼苗质量要求无病、无伤、无畸形，体质健壮，逆水性好；池水在30分钟左右交换一次的鱼苗培育池，放养鱼苗0.1万～0.2万尾/米^2，具体可根据放养时间的长短和出池规格的大小确定；根据鱼池的大小和事先确定每口鱼池的放养密度，过数后依次放养，放养前用15～20毫克/升的高锰酸钾溶液浸洗鱼体5～10分钟。放养鱼苗时把装鱼苗的盆子先慢慢放入水中后倾斜，让鱼苗慢慢游入池中。

（3）饲养管理。鱼苗长在5厘米长以前，摄食量小，抢食能力弱，投喂的饵料和饲料浪费较大，鱼池池底易脏，必须及时对培育池进行清洗，7天左右一次；随时检查进、排水管的堵塞情况，保持鱼池干净，适时调整养殖密度、分池养殖；饲料投喂采用“慢—快—慢”的投喂方法，提高饲料利用率；定期投喂药饵预防鱼病；做好防逃、防害、防鸟等。

4. 成鱼期

（1）鱼种的放养。流水养殖昆明裂腹鱼放养密度要依据水流量、鱼池规模大小以及技术管理水平来确定。一般在水流速为0.1～0.3米/秒的情况下，规格为重100克左右的鱼种，放养6～11尾/米^2，也可以根据水体交换量确定放养密度。鱼种入池前用3%～5%的食盐水或20毫克/升的高锰酸钾溶液浸洗

5 ~ 10分钟，对鱼体进行消毒预防疾病的发生。

（2）饲料投喂。坚持“一看、四定、一检查”的原则，即“看鱼群摄食情况，定质、定量、定时、定位，投饵后半小时内检查饵料场是否有饲料剩余”。由于是流水养殖，因此投喂率要比池塘稍高些，日投喂量为鱼体重的3% ~ 5%，并根据水温和鱼摄食情况适当调整。一般鱼种入池后坚持每天喂3 ~ 4次，投喂速度要慢。经过几天鱼种适应后，每天投喂2 ~ 3次，根据鱼的摄食情况调整投喂量。

第五章　设施渔业

一、池塘工程化循环水养殖

（一）养殖模式特点

池塘工程化循环水养殖模式，是在池塘中运用设施设备提高养殖效率和进行养殖水处理的一种养殖模式，具体指通过对传统池塘进行工程化改造，将池塘分为两部分：小水体推水养殖区和大水体生态净化区。在小水体区通过增氧和推水设备，形成仿生态的常年流水环境，可对多个鱼类品种开展高密度养殖；在大水体区通过放养滤食性鱼类、种植水生植物，安置推水设施，对水体进行生态净化和大、小水体的循环（图5-1、图5-2）。

与传统池塘养殖模式相比其养殖技术具有以下优点：①有效收集残饵粪便，解决了池塘有机物的累积，减轻了水产养殖水体的污染和富营养化，提高了放养密度和养殖单产；②水体循环使用，提高了水资源利用效率，缓解了水产养殖环境压力；③增氧推水设备有效地提高了单位养殖水体溶解氧，提高了饲

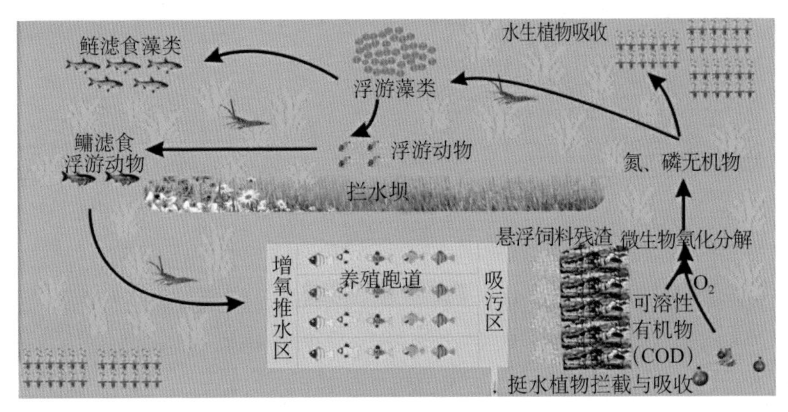

图5-1　池塘工程化循环水养殖示意图

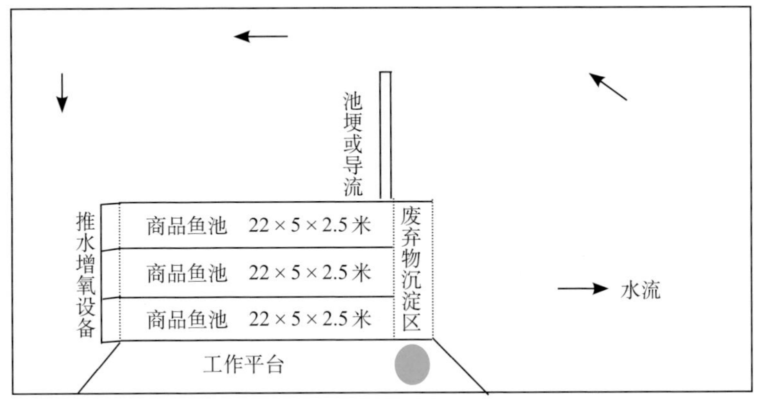

图5-2　池塘工程化循环水养殖跑道图解

料消化吸收率，降低饵料系数；④养殖水体水质好、溶解氧丰富，从而大幅度地减少病害发生和有关药物使用，提高了水产品的安全性；⑤实现智能化养殖管理全程监控，便于水产品质量追溯及控制，从而加速中国渔业现代化的发展。

（二）基础设施建设

1.场址选择　养殖场选址必须符合养殖水域滩涂规划，达到“三通一平”的进场标准；同时充分利用本省现有山塘水库，面积达2公顷以上为宜。

2. 场地布局 该模式将池塘其分为小水体推水养殖区和大水体生态净化区两部分，两区之间通过隔水导流坝相对隔离。其中，小水体推水养殖区占池塘面积的3% ~ 5%，大水体生态净化区占池塘面积的95% ~ 97%。小水体推水养殖区通过增氧和推水设备，确保养殖水体良好的交换，水质优良、溶解氧高；大水体生态净化区放养滤食性鱼类、种植水生植物，安置增氧设施，对水体进行生态净化并循环使用，整个养殖过程无需换水。

3. 小水体推水养殖区 其面积占池塘总面积的3% ~ 5%，主要功能养殖鱼类产品，养殖设施包括养殖水槽、粪集污区、微孔增氧及推水设备。

图5-3 砖混水槽

（1）养殖水槽。其结构为水泥砖混（图5-3）、混凝土预制及PVC塑胶板预制，水槽设计参数长、宽、高分别为25米×5米×2.5米，其中长22米作为养殖区，3米作为集污区，水泥砖混池壁厚24厘米，每隔5米加砖桩，池体厚50厘米，无需加桩．

（2）微孔增氧。整个小水体养殖区安装微孔增氧设施，主要由罗茨鼓风机（图5-4）、输气管道，微孔曝气管（纳米增氧管）及辅助配件组合而成。一般情况下罗茨鼓风机功率2.2千瓦管控2 ~ 3个养殖水槽；输气管道由PVC管或镀锌管构成，常埋于池壁顶部，供气量由各池分闸阀控制；养殖水槽每隔1.5 ～ 2米铺设微孔曝气管一组，固定于水槽池壁及底部，每个养殖水槽设置完全独立的微孔增氧设施（图5-5）。

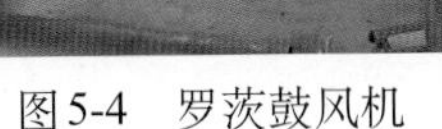

图5-4　罗茨鼓风机

图5-5　微孔增氧

（3）推水设施。每个养殖水槽设置完全独立的推水设施（图5-6）。位于养殖水槽单元前端，设有气泡发生器（微孔纳米管）和弧形导流板，通过漩涡式鼓风机对纳米管进行充气，产生上浮气体带动水流在弧形导流板的作用下向养殖水槽内流动，同时通过调节鼓风机出气量，控制水体流速、调节水体交换次数。

图5-6　推水设施

（4）粪集污区。粪集污区宽3 ～ 4米，位于养殖槽末端，用于集中收集鱼吃剩的残饵料及粪便，以便进行集中排污（图5-7、图5-8）。

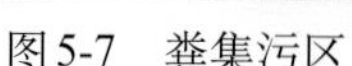

图5-7　粪集污区

图5-8　自动吸污

4. 大水体生态净化区　该区面积占池塘总面积95% ~ 97%，主要功能是对养殖尾水进行净化处理，便于循环使用，具体做法是通过放养滤食性鱼类、种植水生植物及曝气增氧设施达到水体净化目的。整个净化区底部要比养殖区高出1 ~ 1.5米，水深只有1 ~ 1.5米，水下植物阳光充足生长茂盛，充分发挥植物净化水体的作用。

（1）滤食性鱼类。主要指鲢鳙鱼，滤食水中浮游动植物净化水质；每亩投放个体重250 ~ 300克鲢鳙鱼100 ~ 150尾，套养个体重30 ~ 50克鲢鳙鱼200 ~ 300尾。

（2）水生植物。包括沉水植物、漂浮植物及挺水植物，通过3种植物的科学搭配种植，形成水体净化的绿色森林，去除水体中的总氮和总磷，达到净化水体的目的。水生植物种植面积占整个大水体净化区面积的30%（各占10%），沉水植物如伊乐藻，漂浮植物如水葫芦，但每组水葫芦必须控制在20 ~ 30米^{2}以内，挺水植物如芦苇等（图5-9）。

图5-9　水生植物净化

（3）曝气增氧设施。安装水车式增氧机，采用移动方式对水体进行全水域增氧，促进水质自身净化，同时加快植物生长进一步净化水体。一般每10 ～ 15亩安装2.2千瓦水车式增氧机1台。

（4）隔水导流坝。由泥土堆积夯实而成，坝顶宽2 ～ 3米，坝底宽6 ～ 7米，主要作用是隔离养殖尾水与净化后的水体，延长水体净化路线，导流坝长度视养殖水域实际而定（图5-10）。

图5-10　隔水导流坝

（三）养殖技术

1.清塘消毒　清塘针对大水体生态净化区，主要是清除过多淤泥，同时进行阳光暴晒，使土壤表层形成“龟裂”，进水至塘水深7 ～ 10厘米，每亩用生石灰100 ～ 150千克消毒，其次新建砖混水泥养殖水槽，需用醋酸去除水泥碱性，再用清水装满水槽连续浸泡，一般每3 ～ 4天换水一次，换水时用毛刷清洗槽底与槽壁，直到槽中水质pH达7.0 ～ 7.5。

2.养殖品种　养殖水槽适宜高密度吃食性鱼类养殖，适宜养殖的品种有草鱼、鲤鱼、鲈鱼及斑点叉尾鮰等，目前省外主要是草鱼、鲤鱼、鲈鱼。可采用“一槽一品”“多槽一品”及“多槽多品”等形式，主要根据水温条件、市场需求及消费习惯，科学选择养殖品种。

3.鱼种放养　大规格鱼种应就地培育，避免长途运输购进，一般放养规格为100 ～ 150克/尾，放养时苗种规格整齐，操作过程鱼不离水，动作轻快避免鱼体受伤。鱼种进入养殖水槽初期，应在7 ～ 10天之内逐步调整推水力度，逐渐加大水体流量至全负荷推水，给鱼类足够的适应时间，减少鱼类应激反应，提高放养成活率。

4. 饲料投喂　根据养殖品种选择适宜饲料种类，投喂时保证饲料不漂出水槽，每次投饲时长为15 ～ 20分钟，日投喂量为鱼体重量的3% ～ 5%，具体以观察上浮抢食鱼数量明显减少时即可停止投喂，并根据天气、水温、个体重等情况适当调整。每天投喂2 ～ 3次，每次把握到喂至七分饱为宜。

5. 病害防控　遵循“预防为主、防治结合”的原则，重点是鱼种入池阶段防止受伤感染疾病，及时训练上浮集中抢食的习性，发现病鱼及时隔离;同时根据养殖品种不同，对其常见疾病提前预防。

6. 水体调控　大水体生态净化区,水体透明度控制在40 ～ 50厘米，严格控制各种水生植物过度生长，小水体推水养殖区发现问题及时处理，发生停电现象，即刻起动备用电源，全力确保养殖水槽中正常水体交换和增氧。

7. 养殖产量　单槽产量1.5万～ 2万千克，单产70 ～ 90千克/米^3。

（四）科学养殖管理

1. 动力设备　推水所用鼓风机分为两种，分别为旋涡鼓风机、罗茨鼓风机。旋涡鼓风机特点是出气量大压力小，适用于推水水位小于1米的水体，罗茨鼓风机特点是出气量小压力大，适用于推水水位大于1米的水体。在风机调试过程中，容易出现纳米管出气量不均的情况，需要调整风机与纳米技术的连接方式，逐步调试至最佳状态。使用过程中定期检查曝气管出气情况，定期维护鼓风机如添加机油等。

2. 水质监测　安装全自动水质仪器,对养殖水槽水体及净化区水体进行全天候水质检测，主要检测指标为水温、溶解氧、pH、氨氮，发现异常数据迅速查找原因，并检查微孔增氧及推水设施，确保养殖水槽水体交换与增氧正常。

3. 增氧设备 高产养殖必须精细化管理，实行全天候监控，养殖全过程中保障增氧系统正常运行，定期检查微孔增氧管出气是否均匀，管道是否有漏气、不出气等情况，发现问题即时调整。

4. 水生植物 水生植物种植面积控制在净化区面积的30%，严格控制水生植物过度生长，若种植面积过大和生长过度会影响水体光合作用，进而影响藻类等生长，水质净化处理效果会适得其反，所以必须定期清除过多水生植物，确保水体净化效果。

5. 防逃管理 养殖水槽前后两端各有一张拦鱼网，防止养殖鱼类逃出，前段使用防撞网，避免鱼顶水撞网受伤，养殖水槽末端和吸污区末端使用不锈钢网，防止净化区的滤食性鱼类进入吸污区，养殖过程中定期检查防逃网是否破损、缝隙，确保各连接部部件牢固，避免鱼类逃跑造成损失。

附：池塘工程化循环水养殖实例相关照片。

1. 贵州省外（图5-11至图5-13）

图5-11 重庆市长寿区

图5-12　江苏省南京市水产科学研究所禄口示范基地

图5-13　浙江省湖州市示范基地

2. 贵州省内（图5-14至图5-16）

图5-14　贵阳市乌当区新场乡

图5-15 安顺市镇宁布依族苗族自治县简嘎乡

图5-16 遵义市播州区鸭溪镇

二、陆基循环水养殖

（一）陆基循环水养殖介绍

陆基循环水养殖是采用受控式陆基循环水养殖系统进行工厂化循环水养殖。该系统可以实现水产养殖的工业化、生态化和集约化，建立以科技驱动的新生产力，解决目前我国水产养殖业的核心问题，推动水产产业的提升和发展。

此模式水产养殖占地面积较小、单位产量较高、生产作业操作方便、水产品品质较优，也是集污处理较好的水产养殖方式，集工业机械自动化、生物技术、可控式养殖环境等于一体。

场地选择局限性小，取材方便，场地建设快捷，经久耐用，养殖操作性强，绿色健康环保，可实现瓜果蔬菜种植、畜牧草料培植等支链共生。

（二）陆基循环水养殖场地建设

1.场址选择

①符合法律法规的选址原则和依据，合理利用自然资源。

②水源充沛，水质优良，引水方便，水势最好有落差。

③地势相对平整，面积足够概定产量规模，给排水方便。

④电力、交通、通讯等基础条件较好的地方。

2.场地布局

（1）水循环系统结构图解。水循环系统如图5-17所示。

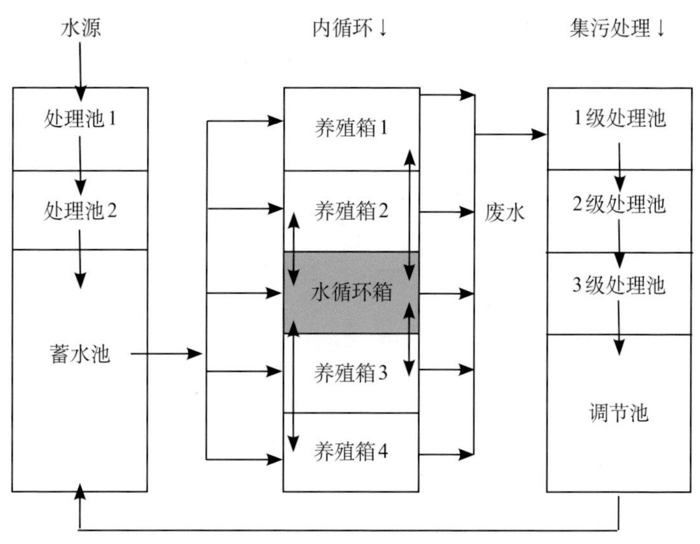

图5-17　水循环系统结构

（2）供气系统结构图解。场地布局根据实际养殖需求设计，即地势优缺点、进排水方便、机械安装、管道的铺设等，勘察地形后，综合系统设备需求绘制图纸（图5-18、图5-19）。

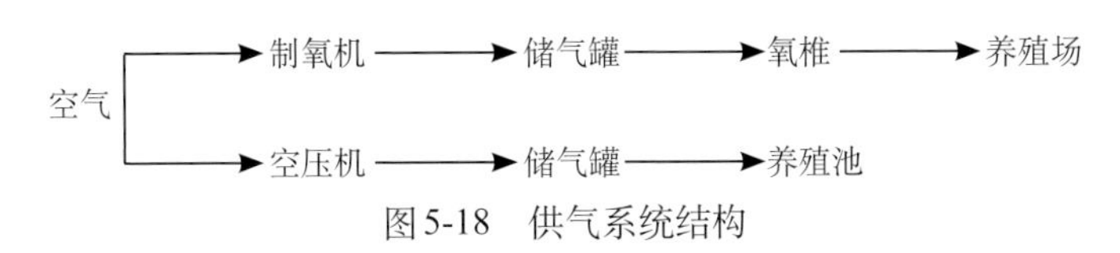

图5-18　供气系统结构

图5-19　兴义市集装箱陆基循环水养殖场

陆基循环水养殖与传统养殖相比，工艺虽然要简单得多，但是简而不凡，由受控制循环水处理系统、制氧供气系统、控温系统等组成，架构上严格按照设计图纸施工建设，将多个模块合理地组合在一起，达成高效节能、便于操作的一套系统（图5-20、图5-21）。

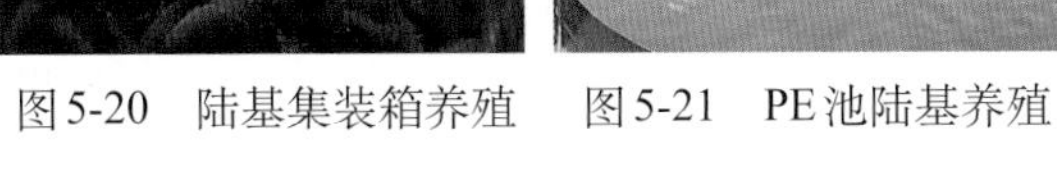

图5-20　陆基集装箱养殖　　图5-21　PE池陆基养殖

3. 系统建设

（1）养殖载体参数标准。陆基集装箱循环水养殖以二手废旧集装箱为载体，选择箱体完好的集装箱，通过喷涂无害泡沫防锈保温，集装箱规格为长12.1米、宽2.4米、高2.8米，经过改装后适合鱼类养殖的载体，内铺设进、排水管、氧气管、喂料台或架等设施（图5-20）。PE100式陆基循环水养殖系统为PE材质做成的圆形养殖池，直径为8米，水深为2米，养殖水体为100米^3（图5-21）。

（2）供气系统建设。供气系统为纯氧供气，采用大功率制氧机，氧浓度90%以上，通过管道输送到溶氧设备，与水充分相融后注入养殖池体，含高氧的水在养殖池中快速混合均匀，通过控制氧流量阀门实现养殖池中氧浓度，DO常规标准为6 ~ 10毫克/升（图5-22、图5-23）。

图5-22　制氧、储气装置

图5-23　低压溶氧装置

传统池塘养殖是通过水质调节，利用水生植物产氧供氧，养殖单位产量有限，且水体不稳定，相对而言，工业化养殖模式解决了供氧这一大难题。

（3）水循环系统建设。水源点宜高于养殖场地，可利用水的势能降低电的能耗。若水源不够，可利用蓄水池蓄水，蓄水池储水量应为养殖水体总量的1倍左右。进水管道铺设进入养殖水体，管道口径大小应达到养殖水体的3倍日交换量，排水管道应达到

1小时内排完。循环污水处理系统应低于养殖水体，充分利用落差势能，严格按照设计建设，污水处理系统应配备应急措施。

循环水处理系统用于养殖，在国内应用广泛，它具有环保、节能、节约、健康、高效等优点（图5-24、图5-25）。

图5-24　水循环处理系统

图5-25　滤珠过滤器

（4）供电系统建设。养殖场地用电接入的是国家电网，三相高压交流电，安装单独的变压器，通过变压后输送到养殖场地，用电设备均装有漏电保护及报警监控。

安装备用应急电源，养殖场无论大小，均需安装备用电源，以备应急使用。备用电源采用稳定足标定功率的柴油发电机组，功率大小根据用电设备的功率总和来配备（图5-26、图5-27）。

图5-26　变压器及配电房

图5-27　发电机备用电源

（5）加热系统建设。养殖场可以利用电厂丰富的余热资源发展热带水产养殖，既能减少电厂冷却水散热造成的水蒸发损失，还同时实现能源的梯级利用，节约大量燃料，提高能源综合利用率，没有电厂余热资源的地方可以采用高效节能的空气能热泵或地源热泵给养殖水体加热，避免传统养殖受季节变换和水温变化的影响，实现水产养殖全年可为（图5-28、图5-29）。

图5-28　电厂余热利用

图5-29　空气能热泵

（三）集装箱循环水养殖工艺流程

循环水系统建设完备以后，将池体加满水试运行1周，检测各项指标，检查调试仪器设备能常运行。

一切正常后，以加州鲈鱼养殖为例。投放优质鲈鱼规格苗（大小为每500克300 ～ 500尾），1 000尾/米^{2}左右，调节水温达到25℃，溶解氧8 ～ 10毫米/升，以10% ～ 12%的比例投喂饲料，定期检测水质指标，打开水循环处理设备，10天左右开始按规格筛选第一次，往后间隔15天、20天、30天、45天……筛选出不同规格的鱼苗分开饲养，循环水不够时加补新水，保持水体指标处于养殖正常值，6个月左右有60%左右的鱼育成商品鱼可以开始出售。

养殖期间定期维护制氧设备、供电设备、定期检测水源水质，根据气压变化调节投喂量，定期保肝护胆、增强鱼的抵抗力，当各项指标正常时，鱼的长势达到峰值，利润最高。

（四）陆基养殖管理

在受控式养殖系统的条件下，养殖管理可控性加强，管理高效执行到位，有条不紊。设施设备上的管理，配备1～2名专业管理人员，定期维护，根据需求进行调节。养殖管理上配备专业技术指导员、养殖工人等，做到24小时巡视监控养殖场地状况，发现问题及时处理。

1. 物资准备

①制作或采购养殖工具，如渔网、鱼筛、桶、水衣水裤等养殖所需物质。

②采购优质专一饲料，于阴凉干燥环境中储藏。

③采购渔用药物，选择有质量保证的名牌或大品牌产品，根据需求备足用量，于阴凉干燥环境中储藏。

④采购医用显微镜、解剖工具、溶解氧检测仪、水质监测器等。

2. 苗种投放

①选择优质鱼苗种，规格为每500克100～2 000尾均可投放。

②放苗前调节水质，泼洒药物（消毒→解毒→抗应激），溶解氧8毫克/升左右，水温23～25℃为宜。

③放苗时间根据市场需求，由于水温、溶解氧等养殖条件可控，全年均可投放苗种，养出反季节高效益品种。

3. 日常饲养管理

①饲料成本占养殖成本的70%以上，循环水养殖饵料系数相对较低。根据养殖品种选择适宜饲料种类、规格，饲料要保证适口，投喂时保证不残留，每次投饲时长一般为10 ~ 15分，投喂量通常为鱼体重量的3% ~ 5%，苗期（2 000尾/500克）可高达10%左右，具体以观察上浮抢食鱼数量为准，明显减少时即可停止投喂，并根据天气状况、水温、水质状况及摄食状态等情况做适当调整。天气晴朗、水质清新、鱼类摄食旺盛时可适当多投；反之，则酌情减量或不投，每天投喂2 ~ 3次，每次把握到喂至八分饱为宜。投喂次数为3 ~ 5次/天。

②筛分鱼在养殖过程中是常态，鱼苗相差2 ~ 3个规格时需筛分出来，如8朝筛和10朝筛的鲈鱼，所吃的饲料颗粒大小不同，且有大吃小的风险。筛分鱼时操作要轻，以免刮伤，以有经验的老师傅带领操作为宜。筛分鱼前后需使用抗应激药物、消毒剂等。

③水质监测管理。在日常养殖中定期对水质做监测，当指标偏离正常值过多时，需及时进行调节，准备调节好的水储存于蓄水池中，作为备用可随时加换水。

4. 设施设备管理

①制氧机、空压机，定期维护机械零部件，检查常规问题。观察和调节常规数值，如制纯氧浓度值需达到80以上，压力值120千帕以上，确保供气系统正常运行。

②定期启动备用发电机，以确保应急时正常运行，备用柴油充足。检查供电电压是否正常，是否存在隐患等情况。

③定期维护循环水处理系统，监测水质指标，以便及时调整相关数值，如日水循环总量，水位，水体透明度等。

④重要大型机械设备需专业人员持证上岗操作。

（五）陆基病害防控

在水产养殖中，无论哪种增值模式，都是打破鱼类自然生长规律而进行的养殖行为，看重的是生长速率和经济效益，会加重鱼体脏器负担，降低养殖对象对环境和致病因子的抵抗力。因此，在养殖过程中，需人为地防治病害。

1. 疾病预防　众所周知，在水产养殖上“防重于治”“养鱼既是养水”，那么如何做到合理的防病呢？

①提高体质和抵抗力，定期在饲料中添加保健品，增强鱼体抵抗力、抗应激能力，促进饵料消化吸收，保护肝、胆等脏器，增强抗病能力。

②调节养殖水体环境达到最佳状态，减少环境致病因子的发生。

③定期检查鱼体状况，观察鱼体，镜检鳃、尾、肠黏膜等情况，解剖观察内脏情况是否正常，以便及时作饵料或保健调整。

④接触水体或鱼的工具需进行消毒后使用。

⑤在对养殖鱼类进行操作之前，应泼洒抗应激药物，操作之后要及时消毒处理，且应轻缓操作。

⑥饵料投喂不宜猛加猛减，投料规律和饵料不宜经常更换。

⑦定期对水体进行消毒和杀虫，然后解毒抗应激。

2. 疾病治疗　鱼类常见病害和表现有营养性疾病、寄生虫病、细菌性病、病毒病、应激等。鱼病在治疗上要考虑诸多综合因素，需要找到致病主因，考虑鱼类品种，病情的轻重缓急，养殖水体环境因素等。举例如下：

（1）寄生虫病。如车轮虫病，附着在鱼体、鱼鳃上，造成鱼难以正常摄食，表现为狂游等症状。处理方式为先调节或更换水体，适时使用专门的杀虫药针对车轮虫使用，4 ～ 6小时起到效果，然后解毒即可。

（2）细菌性疾病。细菌性疾病比较广泛，常见的有肠炎、烂鳃、烂尾、赤皮，等等，感染条件是致病菌数量达到峰值，治疗方法是内服抗生素+保健药物，周期性治疗；外用消毒剂杀菌抑菌。

（3）病毒性疾病。如鲤鱼疱疹病毒病，鱼体症状为凹眼红眼、游动乏力、摄食缓慢、体表黏液脱落，内脏充血，肝无血色，严重的腹背溃烂。治疗方式为内服板蓝根+保肝+维生素类，内服1个周期即可恢复吃料，2个周期即可正常（根据发病情况，治疗周期3 ～ 7天）。

（4）营养性疾病。常出现的是鳞片异常、肝脏异常，根据不同情况分析缺少或过多的营养因素，再拌服药物调节，或调整饲料营养配方。

图书在版编目（CIP）数据

生态渔业高效养殖技术轻松学/贵州省农业农村厅组编．—北京：中国农业出版社，2020.6

ISBN 978-7-109-26839-5

Ⅰ.①生…　Ⅱ.①贵…　Ⅲ.①水产养殖-生态养殖-技术培训-教材　Ⅳ.①S964.1

中国版本图书馆CIP数据核字（2020）第081051号

中国农业出版社出版

地址：北京市朝阳区麦子店街18号楼

邮编：100125

责任编辑：李　蕊　　宋会兵

版式设计：杜　然　　责任校对：赵　硕　　责任印制：王　宏

印刷：北京通州皇家印刷厂

版次：2020年6月第1版

印次：2020年6月北京第1次印刷

发行：新华书店北京发行所

开本：880mm × 1230mm　1/32

印张：5

字数：120千字

定价：48.00元
